电子信息科学与工程类专业系列教材

Verilog HDL 数字系统设计与验证

——以太网交换机案例分析

乔庐峰　陈庆华　主　编

晋　军　续　欣　张　鹭　副主编

U0233064

电子工业出版社

Publishing House of Electronics Industry

北京·BEIJING

内 容 简 介

　　本书将以太网交换机电路的设计与实现作为完整案例，分别介绍了介质访问控制（MAC）控制器、数据帧合路电路、MAC帧处理电路、基于哈希散列的查表电路、简易队列管理器、基于链表的队列管理器、变长分组的分割与重组电路等通信和网络中常用的电路，并以此为基础，采用循序渐进、由简单到复杂的方式，给出了两个版本的完整以太网交换机电路。书中所有电路都给出了必要的功能说明、算法原理和内部结构，以及完整的Verilog硬件描述语言设计代码和仿真测试代码。根据需要，书中穿插补充了基于现场可编程门阵列实现时需要考虑的系统时钟生成、系统设计约束、系统复位设计、环回测试、IP核生成与调用、FPGA在线调试、模块仿真与系统仿真等具体的工程技术问题。

　　本书中的所有代码都在FPGA开发环境上进行了实际验证。登录华信教育资源网（www.hxedu.com.cn）可注册并免费下载本书代码。读者通过仿真分析可学习复杂数字系统的设计，也可以结合FPGA开发板开展数字系统综合实验，实现简易的以太网交换机。

　　本书面向具有一定Verilog HDL语法基础，着手进行大规模数字系统设计的电子技术、计算机、通信和网络领域的高年级本科生、研究生和已经进入工作岗位的工程技术人员。

图书在版编目（CIP）数据

Verilog HDL 数字系统设计与验证：以太网交换机案例分析 / 乔庐峰，陈庆华主编 .
北京：电子工业出版社，2021.3

ISBN 978-7-121-40774-1

Ⅰ.①Ｖ… Ⅱ.①乔… ②陈… Ⅲ.①数字系统－系统设计－高等学校－教材 ②硬件描述语言－程序设计－高等学校－教材 Ⅳ.① TP271 ② TP312

中国版本图书馆 CIP 数据核字（2021）第 046799 号

责任编辑：马　岚　　文字编辑：李　蕊
印　　刷：河北鑫兆源印刷有限公司
装　　订：河北鑫兆源印刷有限公司
出版发行：电子工业出版社
　　　　　北京市海淀区万寿路 173 信箱　　邮编：100036
开　　本：787×1092　1/16　印张：15　字数：384 千字
版　　次：2021 年 3 月第 1 版
印　　次：2021 年 11 月第 2 次印刷
定　　价：59.00 元

凡所购买电子工业出版社图书有缺损问题，请向购买书店调换。若书店售缺，请与本社发行部联系，联系及邮购电话：（010）88254888，88258888。

质量投诉请发邮件至zlts@phei.com.cn，盗版侵权举报请发邮件至dbqq@phei.com.cn。

本书咨询联系方式：classic-series-info@phei.com.cn。

前　言

本书根据作者的长期教学科研实践，以广泛应用于计算机网络中的以太网交换电路为例，给出了以太网介质访问控制（Media Access Control，MAC）控制器、数据帧合路电路、MAC帧处理电路、简易队列管理器、基于链表的队列管理器、变长分组的分割与重组等常用基本电路的功能、端口、算法原理、Verilog硬件描述语言（Hardware Description Language，HDL）设计代码和仿真验证代码。以此为基础，给出了以太网交换机版本1和版本2。这些电路可直接应用于通信和计算机网络类数字系统的设计之中，可以采用现场可编程门阵列（Field Programmable Gate Array，FPGA）实现。

本书将以太网交换机核心电路的设计与实现作为完整案例，采用循序渐进、由简单到复杂的方式，分别给出了相关基本电路和两个版本的以太网交换机电路代码。期间穿插了基于FPGA实现时需要考虑的系统时钟生成、系统设计约束、系统复位设计、环回测试、知识产权（Intellectual Property，IP）核生成与调用、FPGA在线调试、模块仿真与系统仿真等具体的工程技术问题。这种内容组织方式充分考虑了读者设计复杂数字系统时常见的困难，符合循序渐进的学习规律和特点。

本书注重每个基本电路设计的完整性，可以帮助读者全面掌握每个典型电路。这些电路具有很好的代表性，不但可以应用于以太网交换机，还可以广泛应用于其他通信和网络类电路与数字系统的设计中。

本书注重数字系统设计方法学知识的介绍，在一开始就介绍了复杂数字系统顶层设计、模块级设计等阶段需要进行的工作和注意事项，这有助于增加读者对复杂数字系统设计工程学知识的了解，可对后级电路设计起到指导作用。结合每个典型电路，本书注重对电路设计方法的归纳和总结。在分析每个电路时，本书会根据具体电路的特点，介绍同类型电路设计实现时的共性问题，帮助读者总结归纳不同类型电路的设计方法与规律，从而能够在面对一个基本设计需求或设计任务时，懂得如何分析问题和考虑问题，最终使用硬件描述语言实现所需的目标电路。

本书共8章，各章的主要内容如下所述。

第1章介绍了基于Verilog硬件描述语言（Hardware Description Language，HDL）的复杂数字系统设计流程。介绍了复杂数字系统设计中需要关注的方法学问题，包括复杂数字系统顶层设计阶段、模块级规范编写阶段、模块级设计阶段和模块级仿真阶段需要完成的主要工作。这部分内容主要帮助读者较为概要地掌握自顶向下（Top-Down）设计流程中需要了解的设计工程学知识。本章还系统地介绍了本书所设计以太网交换机的工作原理、关键技术和电路结构，说明了各个电路模块的基本功能以及全书在内容组织上的特点。

第 2 章介绍了 MAC 控制器电路的结构、功能、端口，给出了 MAC 控制器中收发电路的设计代码和仿真平台。这部分需要重点关注的是帧处理电路的共性特点，在电路模块之间进行数据交互的简单队列结构，以及工程上常用的电路环回仿真验证方法。

第 3 章介绍了以太网查表电路。这里介绍了采用内容可寻址存储器（Content Addressable Memory，CAM）实现的以太网查表电路和采用哈希散列表实现的精确匹配查表电路，二者都是以太网交换机中常用的查表电路。本章重点介绍的是哈希散列算法原理及其电路实现，该电路可以广泛应用于匹配查找、信息检索等领域。

第 4 章介绍了以太网交换机数据帧合路电路和 MAC 帧处理电路。数据帧合路电路可以将来自多个以太网端口的数据帧合并成一路，合并时可以采用公平轮询和优先级轮询机制。MAC 帧处理电路可以完成接收数据帧的源 MAC 地址和目的 MAC 地址提取功能，可以和以太网查表电路一起实现源 MAC 地址学习和目的 MAC 地址查找功能。

第 5 章首先介绍了简易队列管理器，介绍了数字系统设计中需要关注的系统时钟与电路复位问题，在此基础上，给出了以太网交换机版本 1 的顶层电路并进行了基本系统级仿真分析。

第 6 章介绍了以太网交换机版本 1 的综合与实现，包括引脚约束问题、时钟约束设置、在线调试工具 ChipScope 的使用等内容。这些内容与在 FPGA 上实现以太网交换机有关。

第 7 章介绍了基于链表的队列管理器电路 switch_top。它由三个电路模块构成，分别是将变长数据帧拆分为内部定长单元的 switch_pre，基于链表结构的队列管理器 switch_core 和将定长内部单元拼接为输出数据帧的 switch_post 电路。队列管理器是交换机和路由器中常用的电路，可以实现对数据缓冲区的高效管理和利用。在本设计中，基于链表结构的队列管理器可以直接作为共享缓存交换单元使用。

第 8 章给出了采用共享缓存交换单元的以太网交换机的顶层代码，进行了系统级仿真分析。

阅读本书时，有以下几点需要注意。

（1）本书的设计代码均采用可综合风格的 Verilog HDL 实现，仿真验证代码主要基于任务（task）高效实现。

（2）在代码中主要使用了先入先出（First In First Out，FIFO）存储器（通常简称为 FIFO）和随机存取存储器（Random Access Memory，RAM）两类 IP 核，本书的 IP 核主要基于 Xilinx 的集成开发环境（Integrated Software Environment，ISE）或 Vivado 集成开发环境生成，如果使用其他开发环境，只需略作调整即可。本书的所有代码都可以直接在 Xilinx 的 ISE 或 Vivado 集成开发环境下进行实际验证和仿真分析，也可方便地移植到其他开发环境下。

（3）本书中所有状态机均采用混合类型而非传统的米利型和摩尔型，这样更适合设计复杂状态机，使代码可读性更强。

（4）为了更好地分析仿真结果，模拟真实电路中的门延迟，在代码的赋值语句中加入了延迟，这有利于分析信号跳变与时钟上升沿之间的关系。

本书由陆军工程大学乔庐峰教授，陈庆华、晋军、续欣副教授，以及江苏省计量科学研究院的张鹭工程师共同完成。乔庐峰负责第2章、第4章和第7章的编写，同时负责全书统稿工作；陈庆华负责以太网交换机技术体制设计和第3章的编写；晋军负责第5章和第6章的编写；续欣负责第8章和附录的编写；张鹭负责第1章的编写，同时负责全书的电路图绘制。王雷淘、王乾、吴崇杰、赵伦等硕士研究生参与了部分代码调试和验证工作。

本书中的所有代码都在FPGA开发环境上进行了实际仿真验证，读者通过仿真分析可学习复杂数字系统的设计。登录华信教育资源网（www.hxedu.com.cn）可注册并免费下载本书代码。

为了确保本书中代码的正确性和实用性，本书作者设计了具有4个以太网端口的FPGA开发板，对代码进行了实际应用测试。读者基于此开发板，按照本书的章节顺序，可分步骤开展设计实验并最终实现完整的以太网交换机。读者可通过电子邮件（njice_qlf@sina.com）了解FPGA开发板和与实验相关的信息。

尽管我们作出了种种努力，但由于本书内容涉及网络技术、基于Verilog HDL的数字系统设计技术、EDA工具使用以及FPGA设计实践，因此书中难免存在错误和疏漏之处，敬请读者批评指正。

目　　录

第1章

复杂数字系统设计概述

1.1 Verilog HDL 与数字系统设计

Verilog HDL 是一种通用的硬件描述语言。它可以描述电子电路和数字系统的行为。基于这种描述，在相关软件工具的支持下，可以对设计进行仿真分析，判断设计是否有误；也可以结合具体的实现方式，如现场可编程门阵列，实现实际的电路与系统。

Verilog HDL（经常简称为 Verilog）最初是 GDA 公司为其数字逻辑仿真器产品配套开发的硬件描述语言，用于建模硬件电路。那时它只是一种专用语言，但随着这种仿真器产品及其后续版本 Verilog-XL 的出现和广泛应用，Verilog 也因为使用的方便性和实用性而逐渐被众多设计者所接受，影响力不断扩大。

1987 年，著名的电子设计自动化（Electronic Design Automation，EDA）厂商 Synopsys 公司开始将 Verilog 作为其综合工具的标准输入语言。此后，用户可以使用 Verilog 在较高的抽象层次上建立目标电路的模型，即使用 Verilog 设计电路，然后使用 Synopsys 的综合工具得到所需要的门级网表，进而实现目标电路。

1989 年，另一个著名的 EDA 厂商 Cadence 公司收购了 GDA 公司，然后公开发布了 Verilog HDL。随后，成立了标准化组织 Open Verilog HDL International（OVI），专门负责 Verilog 的发展和标准化推动工作。到了 1993 年，几乎所有专用集成电路设计厂商都开始支持 Verilog。用户可以使用 Verilog 建立电路模型，设计所需要的电路，同时可以使用它编写仿真验证平台，借助 Verilog-XL 这类仿真工具，通过分析被测电路的输入输出波形，可以判断设计是否正确。

Verilog 出现后，其标准化工作也不断推进。美国电气与电子工程师协会（Institute of Electrical and Electronics Engineers，IEEE）于 1995 年 12 月制定了 Verilog 的国际标准 IEEE 1364-1995。此后，IEEE 在 2001 年又发布了更为完善和丰富的 IEEE 1364-2001 标准。这两个标准的发布极大地推动了 Verilog 在全球的发展。2005 年 Verilog 标准再度更新为 IEEE 1364-2005，其中扩充了 Verilog-AMS，使其由单纯地对数字系统建模扩展为可以对数模混合系统建模。在Verilog语言发展的过程中，为了增强其在数字系统仿真验证方面的语法能力，SystemVerilog被提出，相关标准为IEEE 1800-2005。2009年，IEEE 1364-2005和IEEE 1800-2005合并为IEEE 1800-2009，成为新的、统一的SystemVerilog硬件描述语言规范。SystemVerilog更强调对数字系统的验证能力，这对于大规模的数字系统设计至关重要。

　　Verilog语言被广泛使用的基本原因在于它是一种标准语言，是与设计工具和实现工艺无关的，从而可以方便地移植和重用。Verilog语言两个最直接的应用领域是可编程逻辑器件（Programmable Logic Device，PLD）和专用集成电路（Application Specific Integrated Circuit，ASIC）的设计，其中可编程逻辑器件包括复杂可编程逻辑器件（Complex Programmable Logic Device，CPLD）和FPGA。一段Verilog代码编写完成后，用户可以使用Xilinx或Altera等厂商生产的可编程器件来实现整个电路，或者基于专业代工厂的工艺实现ASIC，这也是目前许多复杂商用芯片（例如微控制器）所采用的实现方法。

　　Verilog的语法非常丰富，可以使用它在算法级、寄存器传输级（Register Transfer Level，RTL）、门级和晶体管级等建立电路模型（或称描述电路功能）并仿真，但只有RTL上建立的电路模型才是可综合的。对于不同的综合工具来说，可综合的语法子集（RTL级）会有所不同，需要设计者注意区别。

　　关于Verilog语言，最后需要说明的是，它与常规的顺序执行的计算机程序（program）不同。Verilog从根本上讲是并发执行的，在很多情况下，Verilog语句编写的顺序对电路结果没有影响，因此通常称之为代码（code），而不是程序。

1.2　设计流程

　　使用Verilog HDL语言的主要原因之一是通过代码综合，可以采用可编程器件（CPLD或FPGA）或ASIC来实现所需的电路。图1-1给出了采用Verilog进行FPGA设计的流程。如图所示，设计的第一个阶段是编写Verilog代码，编写后的代码保存为一个扩展名为".v"的文件。代码编写完成后，需要对代码的功能进行前仿真。前仿真的速度非常快，因此可以充分进行前仿真，将逻辑设计错误在前仿真阶段最大限度加以解决。前仿真之后进入综合阶段。综合阶段可以把抽象层次较高的RTL代码转换成门级网表，然后根据电路工作速度和占用硬件资源大小的要求，对门级网表进行优化，这主要由综合工具自动完成。在综合之后进入电路实现阶段，布局布线工具可以在具体的CPLD/FPGA器件上对各种电路单元布局布线，或者调用专用的电路单元库实现ASIC。完成布局布线之后可以进行电路的后仿真，仿真

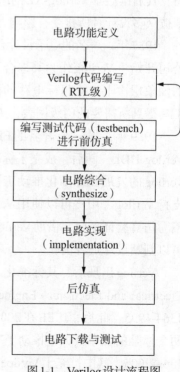

图1-1　Verilog设计流程图

结果可以最大限度地接近真实的结果。后仿真过程非常耗时，可以选择对其中哪些功能进行。完成电路的后仿真后，就可以采用CPLD/FPGA或专用集成电路实现所需要的设计功能了。

目前有多种EDA工具都支持采用Verilog进行电路建模、综合、仿真以及实现。一些可编程器件生产厂商将使用Verilog进行电路设计所需的多种EDA工具，综合集成为统一的开发平台提供给用户，用于开发本公司的可编程器件产品，从而使整个设计流程更加简捷和易于使用。目前比较常见的是Xilinx公司的ISE、Vivado开发平台和Altera公司的Quartus II开发平台等。这些平台可以使用原公司的综合工具和仿真工具，也可以使用第三方的综合工具和仿真工具。

本书中电路的设计实现和仿真使用的是Xilinx公司的ISE，综合工具使用的是ISE自带的Xilinx Synthesis Technology（XST）综合工具，仿真工具使用的是ModelSim，为了使图片更清晰，仿真波形是从仿真结果窗口截取并简单处理后得到的。

1.3 Top-Down数字系统设计方法简介

1.2节介绍了采用FPGA进行数字系统设计的基本流程。本节从工程技术角度，对具有一定规模的大型电路设计的工程方法学进行简单介绍。采用Verilog进行基本的电路设计并不复杂，但设计具有一定规模的数字系统时，会涉及到一些工程学的知识，如果能够及早对此有一定认识，有利于从一开始就采用正确的系统设计方法，提高设计的水平。

使用Verilog可以进行复杂数字系统的设计。对于复杂数字系统的设计，通常有两种方法，一是自顶向下（Top-Down）的设计方法；另一种是自底向上（Bottom-Up）的设计方法。采用Top-Down的设计方法时，通常需要具有丰富的数字系统设计经验，能够对一个项目或者工程从整体上清晰把握，从顶层规划、系统需求与指标入手，然后对系统设计层层分解细化，直至各个易于实现的底层模块。在Top-Down设计过程中，整个设计可能包括多个层次，可能由多个关键模块组成，每个关键模块又由多个子模块组成，如此层层分解，直到每一个具体的电路单元。对于每个层次上的不同电路单元，设计者需要说明其具体的电路功能、电路之间的接口信号和遵循的接口规范等，以便于对设计进行分工管理。

另外一种数字系统设计方法是Bottom-Up方法。采用这种设计方法时，通常会从底层关键电路模块设计入手，依次完成各个关键电路模块，然后对其互连，使得整个数字系统的设计逐渐呈现出来并越来越清晰。这种方法比较适合初学者，初学者的系统设计经验相对薄弱，进行底层设计的过程也是不断积累相关系统知识，认识系统设计的过程。此外，在数字系统规模较小时也常常采用这种方法，此时数字设计的整体架构较为简单，可以直接开始设计工作。

在实际设计时，也经常将这两种方式结合起来使用。下面介绍采用Top-Down方法时，顶层设计阶段、模块级规范编写阶段、模块级设计阶段和模块级仿真阶段需要进行的主要设计工作。

1.3.1　顶层设计阶段

顶层设计阶段一般应进行以下几方面工作。

（1）编写功能需求规范。这需要根据整个项目的设计目标、用户需求、应用场景等确定。

（2）设计系统架构。此时需要考虑多种不同的系统架构方案，并对各自的利弊加以讨论和分析，例如硬件资源需求、功耗、可扩展性、兼容性、研发周期等。

（3）划分电路主要组成模块，以确定不同模块的主要功能，以及不同模块之间的接口标准等。

（4）对关键电路或者存在技术风险的电路，如果可能，应该及早开始设计过程，对风险进行评估和分析。

（5）对于所需的关键IP核应进行调研，明确其获取方式，如委托第三方开发，自行设计，或者从外部购买等。

（6）与数字系统设计方案同步进行仿真验证方案的设计。

（7）统一整个设计所采用的EDA工具，以及代码风格，以便于系统整合。

（8）明确项目的进度要求、时间节点、人员划分等，这是与项目管理相关的基本内容。

在顶层设计阶段，需要编写顶层架构设计文档，它清晰地定义了所设计数字电路的具体应用场景、外部电路、软硬件功能划分等，这需要长期的数字系统设计经验和对设计目标的深入理解。

在顶层设计阶段，很重要的一项工作是划分软硬件系统功能。目前典型的数字系统中会包括处理器和FPGA这类可编程器件，此时，既需要采用高级语言（如C语言）编写程序，又需要使用Verilog这类硬件描述语言编写代码，二者相互配合才能完成最终的系统功能。在熟悉这类系统后，设计者会发现，往往同一个功能既可以用C语言编程实现，也可以用硬件逻辑实现，设计者需要在二者之间折中选择。采用C语言实现时，通常会消耗中央处理器（Central Processing Unit，CPU）的处理能力，处理速度一般较慢，但不会消耗硬件逻辑资源，升级、维护和更新较为方便。而采用硬件逻辑实现某个功能时，通常处理速度快，实时性好，不会占用CPU负荷，但需要占用一定的硬件逻辑资源。例如，在以太网中需要进行数据帧的32位循环冗余校验（Cyclic Redundancy Check-32，CRC-32）运算，采用CPU或硬件逻辑都可以进行相应运算，但考虑到处理速度，通常会选择采用数字逻辑来实现。例如，在路由器这类设备中，需要处理路由协议帧以生成路由表，此时考虑到复杂性，并且对处理速度的要求不高，所以采用CPU完成更合适。目前，随着网络技术的发展，采用硬件设计协处理器，对传统由CPU实现的功能进行加速成为技术发展的一个重要分支。例如，传输控制协议（Transmission Control Protocol，TCP）传统上是运行在处理器上的软件，但在一些服务器中，为了提升服务器的处理能力，会采用FPGA设计专用处理电路处理TCP协议，以提升服务器的服务能力。

　　另一个需要强调的是，应该分析整个系统需要使用的 IP 核以及 IP 核的获取方式。随着数字系统规模的不断增大，数字系统中往往需要使用第三方提供的 IP 核。常用的简单 IP 核包括计数器、累加器、乘法器、静态随机存取存储器（Static Random Access Memory，SRAM）、先入先出（FIFO）存储器、数字时钟管理电路等；复杂的 IP 核包括双倍数据速率（Double Data Rate，DDR）存储器接口控制器、串并/并串（Serializer/Deserializer，SerDes）转换器、乘累加器、数字滤波器、信道编/译码器等。这些 IP 核有的可以免费获取，如 FPGA 厂商会通过其集成开发环境免费提供大量 IP 核，设计者可以直接调用，这可以为设计者提供很大的帮助。另外，很多复杂的 IP 核是收费的，此时需要明确其来源以及具体费用等。

　　对于初学者来说，由于缺乏相应的积累，进行顶层设计存在一定困难，但应了解顶层设计的主要内容，通过不断积累各方面的知识来丰富数字系统架构设计经验。

1.3.2　模块级规范编写阶段

　　完成顶层设计后，负责不同顶层电路模块设计的研发人员需要针对主要模块编写相应的规范，这一阶段的主要工作包括以下几个方面。

　　（1）根据顶层设计文件对电路模块的功能进行描述，编写本电路的设计方案。此时需要研究模块间的接口及遵循的规范，如接口信号定义、接口时序关系等；还应对关键指标和设计约束进行分析，确定是否可以满足。

　　（2）如果该电路之下还有更低层次的电路单元，则对其进行进一步划分，直至最低一级电路单元。应对电路的关键设计指标和设计约束层层分解，确保可以满足顶层设计的要求。

　　（3）反复对比模块功能与顶层设计，确保符合系统设计要求，如果遇到了冲突，如关键指标无法在给定的条件下达到，那么需要重新分析顶层设计是否合理，有时甚至需要修改顶层设计文档。

　　（4）编写电路模块的验证方案。

　　（5）结合顶层设计对时间节点的要求，分析各个电路是否可以满足进度要求，分析存在的设计风险以及解决问题的思路。

　　模块级设计规范的编写是对顶层设计规范的分解和细化，会使整个设计更加清晰，同时使相关设计人员对系统设计需求和将要完成的设计任务更加熟悉和明确，对可能遇到的问题和存在的风险判断更加准确，使解决方案进一步落实。

1.3.3　模块级设计阶段

　　代码编写工作是指根据电路功能需求编写设计代码。当一个模块的功能较复杂时，设计者可以对其进行进一步的功能划分。进行代码编写时，设计者需要将设计规范"翻译"成用 Verilog 等硬件描述语言实现的代码。根据设计规范编写代码对于很多初学者来说存在一定难度，并且有一个学习适应的过程。在此期间，设计者可能首先需要用"自然"语言描述出可能的电路具体实现方案，即"说"出你打算怎样设计这个电路。在此过程中，设计者应该用文档记录设计思路并不断剖析利弊，直至形成较为清晰可行的设计方案。方案形成后，可以和其他设计人员交流，分析设计方案是否合理。此后，有的设计者会绘制电路处理流程图和电路的状态机等，以进一步细化整个电路的设计方案，也有很多设计者会直接开始代码编写工作，这都没有问题。代码编写工作完成后，设计者需要通过代码编译修改明显的语法错误和设计错误，并进行初步的电路综合，确保没有使用不可综合的语法结构，同时初步评估硬件资源消耗等，分析其是否符合本电路的设计规范要求。此后，需要对初步完成的设计进行基本的仿真分析，判断代码的逻辑功能是否正确。在完成这部分工作后，则需要进行设计工作中很重要的一个环节，代码走查。代码走查通常需要邀请同一个小组的设计人员或者其他有经验的设计人员一起参加，由设计者介绍设计思路，逐行介绍自己的代码，介绍自己做了哪些仿真工作，仿真分析的结果如何等。此后，参加代码走查的设计人员会讨论分析代码，提出自己的修改建议或者指出设计中存在的问题。代码走查过程通常需要进行多次，可以采用集体讨论形式，也可以提交给其他设计人员独立进行。代码走查在保证设计者对设计目标理解的正确性、设计本身的正确性、性能符合性、电路可扩展性、可维护性等方面都非常重要，也是提升设计者设计水平的重要一环。

1.3.4 模块级仿真阶段

在模块设计完成后，设计人员需要进行模块级的仿真验证。对于简单的电路模块，仿真分析工作有时非常简单，但有的电路模块功能可能非常复杂，此时对其仿真分析就显得尤其重要。设计者需要高度重视模块级的仿真分析，不能把模块功能的正确性完全交给系统级仿真来解决，主要原因包括以下3点。

（1）模块级仿真的运行速度远快于系统仿真，多进行模块级仿真可以提高仿真工作的效率。

（2）在模块级仿真阶段，设计者更容易生成各种仿真事件，更容易生成所需的测试激励，更容易对模块的功能进行全面仿真分析。例如，将FIFO作为数据缓冲区时，应避免其发生溢出，如果发生了溢出，电路将采取相应的操作，如向前级电路发出告警信息等。在系统级仿真时，由于外部电路的存在，要产生FIFO溢出可能需要复杂的外部激励，仿真时间可能会非常长。在模块级仿真时，要产生这样的测试激励可能会非常容易，因此在模块级应全面仿真分析，并以此作为系统级仿真分析的先期工作。

（3）系统级仿真时会对多个相互连接的模块仿真分析，如果这些模块都没有事先经过全面的仿真分析，那么都有可能存在错误。在这种条件下进行系统仿真，既不利于分析和查找可能出现的问题，也会降低仿真的整体效率。

进行模块级仿真分析时，应建立相应的仿真分析列表，明确指出需要进行哪些仿真分析，仿真分析的结果如何。对于仿真分析列表，有时需要设计讨论，确保充分考虑了重要的边界条件。

1.4 基于Verilog的电路仿真验证

1.4.1 数字系统验证的重要性

使用Verilog可以仿真验证电路功能。验证是确认所设计电路功能正确性的过程。在集成电路领域，测试一般指采用自动化设备和手段来检测批量生产出来的集成电路是否存在制造缺陷。对于设计者而言，除了需要设计完成电路本身外，为了证明其功能的正确性，还需要编写对应的测试代码。测试代码调用被测试的电路并产生输入激励信号，设计者通过观察仿真结果就可以对电路功能进行判断，这一过程准确地讲是一个验证过程。验证和测试这两个术语在概念上的区别往往被忽视，验证代码也往往被称为测试代码，本章对这二者的区别不做过多强调，一般认为是相同的。测试代码（testbench）又称为测试台或测试床，与被测电路（Design Under Test，DUT）之间构成了如图1-2所示的关系。

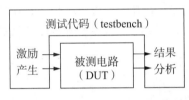

图1-2 testbench与被测电路

从图1-2可以看出，在testbench中应该包括激励产生和结果分析两个部分。激励产生通常包括时钟的产生和输入信号的产生，结果分析通常采用观察输出仿真波形的方式来完成。

随着超大规模集成电路和片上系统的发展，在单一芯片上集成的逻辑门数量急剧增加，往往需要购买和重用他人设计的IP核，在这种情况下，验证所占的工作量大约可以占到总工作量的70%。从事验证工作的工程师数量可以达到在RTL级上进行电路设计的两倍以上。当设计项目完成后，用于实现testbench的代码量可以占到总代码量的80%左右。通过这些数据可以看出，随着电路规模的扩大，验证在整个电路设计过程中将越来越重要。

验证工作在系统级设计中的地位越来越重要，针对验证方法、验证工具等相关领域的研究工作也日益增加。目前，几个大的EDA厂商都推出了专门的验证工具平台，例如Synopsys公司推出了Discovery验证平台，适用于对功能复杂的系统级电路进行验证。Cadence也推出了Incisive验证平台。另外，硬件描述语言中新增的语法结构也向更加抽象的高层次发展，使其更接近于自然语言，以提高验证的效率。

验证工作从抽象程度上可以分为算法级、功能级、RTL级和门级；从电路结构组成上可以划分为系统级验证和模块级验证；从被验证电路的透明程度上可以划分为黑箱验证、白箱验证和灰箱验证。黑箱验证的特点是验证者不能观察到被验证电路的内部细节，testbench是根据被测电路的接口规范独立编写的，不能观察到被验证电路是如何实现相应功能的。对于白箱验证来说，仿真验证过程中，被测电路的所有工作细节都可以观察到，这对于整个设计工作显然是非常有利的，但需要花费的代价往往也是最高的。灰箱验证介于前面两者之间，验证者可以通过一些状态寄存器或专门的接口获取被验证电路在仿真验证过程中的关键信息，这些信息对完成设计来说已经够用了，这是目前使用较为普遍的一种方法。

1.4.2 验证的全面性与代码覆盖率分析

验证工作的全面性非常重要，通常会通过代码覆盖率检查来评估仿真验证工作的全面性。对于复杂的设计来说，代码覆盖率检查是一种检查验证工作是否完全的重要方法。代码覆盖率可以指示Verilog代码描述的功能有多少在仿真过程中被验证过了。代码覆盖率分析通常包括以下内容。

（1）语句覆盖率（Statement coverage），又称为声明覆盖率，用于分析每个声明在验证过程中被执行的次数。

以下列代码为例，当仿真过程结束后，将给出报告，说明整个仿真过程中每个声明被执行了多少次。如果某些声明没有执行，则可能需要进行补充仿真。

```
always@(areq0 or areq1)
    begin
    gnt0=0;   // 声明1
    if(areq0==1) gnt0=1; // 声明2
    end
```

（2）路径覆盖率（Path coverage），在设计中往往使用分支控制语句来根据不同的条件进行不同的操作，Path coverage指示是否执行了所有的分支。路径覆盖率分析主要以if-else语句的各个分支为分析对象。

以下列代码为例，其中存在4条路径，分别对应着从areq0=0，areq1=0到areq0=1，areq1=1，路径覆盖率就是要分析整个验证过程中是否所有的分支路径都曾经出现过。

```
if(areq0) begin
    ......
    end
if(areq1) begin
    ......
    end
```

（3）状态机覆盖率，用于统计在仿真过程中状态机发生了哪些状态跳转，这种分析可以防止验证过程中某些状态跳转从来没有发生过，以免造成设计隐患。

（4）触发覆盖率分析，用于检查在仿真验证过程中，某个局部电路是否由于某个信号的变化而被触发进行运算和操作。例如：

```
always @ (areq0 or areq1 or areq2)
    begin
    ……
    end
```

触发覆盖率分析会检查该电路是否由于 areq0、areq1 或 areq2 的变化而被执行，如果仿真过程中并未由于某个信号（如 areq2）的变化而执行电路功能，就要给出提示，验证者需要在 testbench 中补充测试内容，以避免存在设计缺陷。

（5）表达式覆盖率分析，用于分析布尔表达式验证的充分性。以下面的连续赋值语句为例，表达式覆盖率分析针对的是这些组合在整个验证过程中是否都出现过，并给出哪些组合从未出现过。

```
assign areq=areq0 || areq1;
可能出现的信号值组合为：
areq0=0 areq1=0
areq0=0 areq1=1
areq0=1 areq1=0
areq0=1 areq1=1
```

上述覆盖率分析方法都是为了避免验证过程中某些情况从来没有被仿真过，有助于减少电路仿真过程中的"死角"。需要注意的是，百分之百的代码覆盖率仅仅表示代码都被执行了，不能证明设计的正确性。代码覆盖率可以用于衡量验证工作是否充分。

进行代码覆盖率检查通常需要 EDA 工具的支持，使用非常方便。目前设计者可以根据上面的分析原理，采用编写仿真项列表的方法在大的方面避免验证过程的不充分。

1.4.3　自动测试 testbench

对于很多需要对数据进行处理的电路来说，输入数据经过处理后与原始数据会产生差别，此时不宜采用人工的方法进行数据对比分析，需要考虑编写能够进行自动比对的 testbench，这种验证方法如图 1-3 所示。在图中，期望输出的结果可以是在 testbench 中对被验证电路的功能模型仿真得到的，也可以是根据高级语言（如 C 语言）建立的模型得到的，我们已经证明期望的输出结果是正确的。将被验证电路的实际仿真输出与期望的结果进行对比，如果与期望的结果相同，则说明被验证的电路功能正确，否则说明其存在错误。

对于复杂的数字系统，编写自动测试 testbench 的工作量也非常大，但这对于系统验证工作的效率、可靠性、有效性等都非常重要。对于有些数字系统，通过观察波形判断设计中是否存在错误是非常困难的。

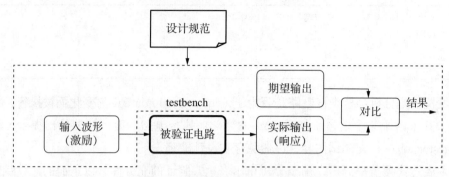

图 1-3   自动比对 testbench 的验证方法

1.5   本书所设计的以太网交换机

本书以完整的以太网交换机作为数字系统设计案例加以分析，在介绍具体的电路之前，需要介绍以太网交换机相关的基本背景知识以及所遵循的标准体系，以便于理解其工作原理，为理解具体的电路设计打下基础。

1.5.1   以太网技术

以太网（Ethernet）是一种主流的局域网（Local Area Network，LAN）技术，通常用于构建一个单位内部的小型网络。以太网采用的是 IEEE 802.3 标准体系，图 1-4 是以太网的典型组网应用方式。

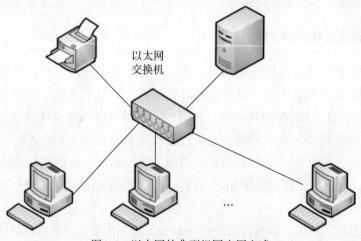

图 1-4   以太网的典型组网应用方式

图 1-5 给出的是局域网分层参考模型，它分为三层，物理层（Physical Layer，PHY）、MAC 层和逻辑链路控制（Logical Link Control，LLC）层。在 LLC 层之上通常为计算机网络中的互联网协议（Internet Protocol，IP）层。在使用双绞线等有线介质的以太网中，由于信道质量高，具有差错控制功能的 LLC 层不再使用，在 MAC 层之上直接是 IP 层。

图1-5　局域网分层参考模型

1.5.1.1　以太网的物理层

以太网的物理层规范定义了以太网的物理介质、连接方式、线路编解码方式、传输速率等。以太网的速率从最初的十兆位以太网，经过了百兆位以太网、千兆位以太网、万兆位以太网直至更高的速率，其采用的物理传输介质、信道编码方式等也存在明显的差异。

以太网的物理层功能通过以太网物理层收发器（以太网PHY芯片）来实现。根据具体链路的不同，收发器的差别也很大。图1-6是以太网物理层收发器的典型外部连接关系。

图1-6　以太网物理层收发器的典型外部连接关系

以太网物理层收发器电路的主要功能包括以下几个方面。

（1）同时兼容10 Mbit/s、100 Mbit/s、1000 Mbit/s等多种工作模式。

（2）支持介质无关接口（Media Independent Interface，MII）、千兆位介质无关接口（Gigabit MII，GMII）等与MAC层相连的标准接口。MII接口是802.3规范定义的物理层和MAC层进行以太网帧收发的标准接口，屏蔽了物理层收发器的具体工作方式（见图1-7），根据规范，其接口信号定义如下。

TX_ER：MAC控制器发送错误指示；

TX_EN：MAC控制器发送使能信号，为1时表示TXD[3:0]上为有效的发送数据；

TXD[3:0]：MAC控制器发送给PHY芯片的数据，按照半字节位宽（4位）发送；

TX_CLK：MII接口发送时钟，由PHY芯片提供给MAC控制器；

RX_CLK：MII接口接收时钟，由PHY芯片提供给MAC控制器；

RX_ER：PHY芯片发送给MAC控制器的接收错误指示信号；

RX_DV：接收数据有效指示，指出当前RXD上为有效接收数据；

RXD[3:0]：PHY芯片发送给MAC控制器的接收数据，按照半字节位宽（4位）发送；

CRS：半双工以太网上的载波侦听指示信号，1表示信道忙；

COL：半双工以太网上的冲突指示信号，1表示信道上有冲突。

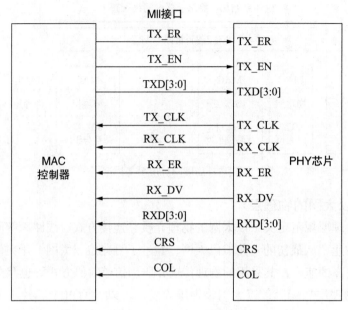

图1-7　MII接口信号

（3）支持双绞线和光纤两类物理介质。

（4）支持自动协商功能，可协商确定链路两端物理层的工作速率等。

（5）具有数字自适应均衡器，可改善接收信号质量。

（6）支持多种环回测试功能，用于设备自检。环回测试就是将上层发送的数据帧在物理层从发送端口送入接收端口，供上层进行收发测试，便于判断网络故障。

物理层芯片随着网络端口速度的提高正在变得越来越复杂，但其和MAC层的接口通常都是比较简单的，用户设计自己的数字系统时，使用MII接口就可以通过PHY芯片进行网络数据收发，这是网络分层次设计带来的好处。

1.5.1.2　介质访问控制层

介质访问控制层的主要功能是实现多用户介质访问控制功能。早期的以太网采用共享信道（介质）结构，如图1-8所示。其中的N个站点连接在一个共享的总线信道上，每次只有一个站点可以发送数据帧，不发送数据帧的站点都处于接收状态，它们收到在信道上广播的数据帧后检查以太网帧头携带的目的MAC地址信息，如果目的MAC地址是本站点则接收，否则将帧丢弃。这种方案最大的优点是简单、成本低，缺点是需要制定一套规范（介质访问控制协议），以解决多个站点同时发送数据造成的冲突问题。随着集成电路技术、网络与交换技术的发展，共享介质型的以太网已经很少使用，代之以以太网交换机为核心的交换式以太网，如图1-9所示。交换式以太网不存在信道冲突，以太网交换机内部有数据缓冲区，多个主机可以同时收发数据，网络整体性能好。

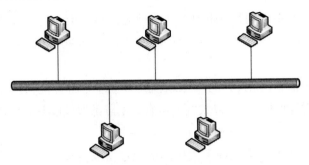

图1-8　共享介质型以太网的结构

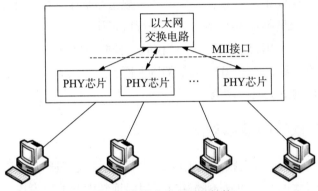

图1-9　交换式以太网的结构

图1-10给出了采用TCP/IP参考模型时，以太网的协议层次及相应的封装格式。图中已经没有了LLC子层。MAC帧包括6字节的目的MAC地址、6字节的源MAC地址、2字节的类型字段，以及4字节的帧校验序列（Frame Check Sequence，FCS）字段。

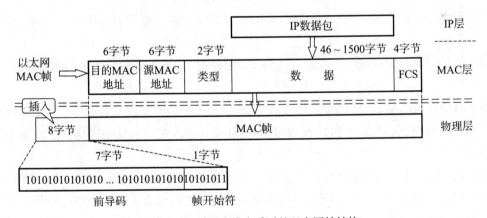

图1-10　采用有线介质时的以太网帧结构

采用有线传输介质时，以太网帧结构中各个字段的定义和功能如下所述。

（1）前导码。由7字节的10101010（右侧是高位，十六进制数为0x55）组成，用于供接收端提取位同步时钟。在空闲状态下，以太网介质上没有信号，当发送方发送MAC帧的前导码时，接收方能够通过自己的时钟提取电路锁定发送方的时钟，以便于处理后续的数据。

（2）帧开始符。比特序列为10101011（右侧是高位，十六进制数为0xd5）。接收方接收到这一字符表示后面就是一个以太网帧的目的MAC地址，标志着一个以太网帧真正开始。

（3）目的MAC地址。接收方的MAC地址，6字节。需要说明的是，如果目的MAC地址为全1，则为广播地址，此时以太网上所有的站点都要接收并处理该数据帧。

（4）源MAC地址。发送方的MAC地址，6字节。

（5）类型字段。用于指明数据字段所属的上层协议的类型。比较常用的包括0x0800（IP数据包）、0x0806（ARP报文）和0x8808（以太网PAUSE帧）。

（6）数据。用于存放IP数据包，以太网规范规定数据字段的最小长度为46字节，最大长度为1500字节，长度不足46字节时需要进行填充补足。

（7）帧校验序列。采用32位的CRC-32校验，校验范围从目的MAC地址开始，直到数据（含填充）字段。对于采用802.3规范的以太网，当接收方检测到MAC帧出错时，直接将其丢弃，差错控制由上层协议负责实现。

1.5.2　以太网交换机的基本功能

使用交换机的以太网称为交换式以太网。不同的终端设备通过网线连接到以太网交换机的不同端口上，以太网交换机在不同端口之间根据其内部的转发表（包括目的MAC地址和对应的输出端口号）进行MAC帧的转发。交换式以太网不存在共享介质型以太网中的冲突问题，使得网络性能大大提升。

以太网交换机内部的转发表是一张MAC地址和输出端口的映射表，是以太网交换机通过逆向学习法动态创建和维护的，其创建和维护方式如下所述。

（1）以太网交换机接收来自所有输入端口的数据帧，通过查询内部转发表来确定转发输出端口。

（2）如果转发表中存在与输入帧目的MAC地址对应的转发表项，则将MAC帧从对应的端口输出，否则将该MAC帧向除其输入端口以外的其他端口进行广播。

（3）对于输入的MAC帧，提取其源MAC地址，查看在转发表中是否存在与之对应的表项，如果没有则在转发表中添加该源MAC地址及其输入端口，这一操作称为转发表的逆向学习。

（4）由于以太网交换机中的转发表深度有限，每个转发表表项都有一个生存时间（Time To Live，TTL）值。以太网交换机会周期性地扫描转发表，以秒为单位对每个表项的TTL值进行减法计数，将一定时间范围内没有发送过数据帧的MAC地址对应的表项删除，这一操作称为地址表老化，通常简称为老化。每当一个终端发送一个数据帧，其在转发表中的生存时间值就恢复为最大值。

图1-11给出了以太网交换机通过逆向学习建立转发表的例子。

（1）图1-11(a)中，计算机A向计算机B发送MAC帧，MAC帧中包括源MAC地址A和目的MAC地址A'，此时以太网交换机中的转发表为空。

（2）图1-11(b)中，以太网交换机收到了A发出的数据帧，根据其携带的目的MAC地址A'查找输出端口。由于此时转发表为空，不包含对应的表项，因此以太网交换机将该数据帧向除端口2以外的其他端口广播，同时通过逆向学习，将MAC地址A及其输入端口2添加到转发表中，并将其TTL值确定为60。

（3）图1-11(c)中，计算机A'向A发送数据帧。

（4）图1-11(d)中，以太网交换机收到来自A'的数据帧后，首先根据目的MAC地址A进行查表，获得其输出端口为2，同时通过逆向学习在转发表中添加表项，记录A'及其对应的端口3，并将其TTL值确定为60。

（5）以太网交换机每隔1 s对转发表中的表项进行一次扫描，将各个表项的TTL值减1，如果一个表项的TTL值减至0，则将该表项删除。如果有一台主机发送了数据帧，则其TTL值立刻被更新为最大值。

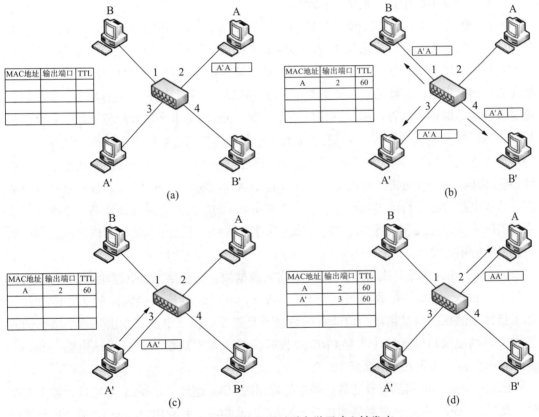

图1-11 以太网交换机通过逆向学习建立转发表

1.5.3 本书所设计的以太网交换机

本书重点采用FPGA实现以太网交换机。为了便于具有一定Verilog数字设计基础的初学者由简入繁地开始数字系统设计，我们首先和大家一起设计以太网交换机版本1（又称为v1版以太网交换机），然后再设计相对复杂的以太网交换机版本2（又称为v2版以太网交换机）。

v1版以太网交换机的系统框图如图1-12所示。

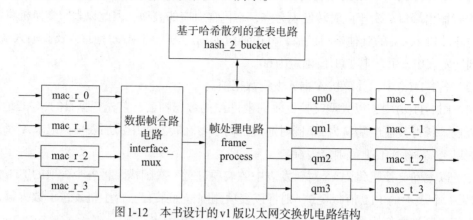

图1-12   本书设计的v1版以太网交换机电路结构

图1-12所示电路中各个模块的功能介绍如下。

mac_r是以太网MAC控制器的接收部分（在图1-12中为mac_r_0至mac_r_3），用于通过MII接口的接收部分接收来自物理层芯片的数据帧，然后将其从4位并行数据转换为8位并行数据，同时进行帧的正确性检查，包括对接收帧进行CRC-32校验运算，判断接收帧是否存在错误；检查帧的字节完整性是否存在错误，即帧长度是否为整数个字节；帧长度是否合法，即长度是否在64～1518字节之间等。mac_r将每个接收的数据帧及其对应的指针（包括帧长度、错误信息），通过简单的先入先出队列交给后级电路进行处理。这个简单的先入先出队列由一个存储接收数据帧的数据FIFO和一个存储数据帧状态信息的指针FIFO构成。mac_r负责队列的写入操作。这个队列同时也是mac_r与后级电路的接口队列，后级电路对它进行读出操作。通常，强调mac_r的写入操作时称该队列为接收队列；强调该队列作为与后级电路的接口时，称之为接口队列。本书中其他电路内部的队列也采用类似的描述方式。

interface_mux电路对来自4个mac_r电路的数据帧进行合路。该电路轮询每个mac_r，如果某个mac_r内部的接收队列非空，interface_mux电路就读出接收队列队首的指针；如果指针中的状态信息指出当前队首的数据帧是错误的，该电路就读出队首的数据帧并丢弃，否则就将该数据帧（去除CRC-32校验值后）及对应的指针写入该电路与frame_process电路接口的先入先出队列中。

frame_process电路从接收的数据帧中提取出源MAC地址、目的MAC地址、帧类型字段。此后，frame_process电路需要进行源MAC地址学习，并利用目的MAC地址进行输出端口查找。如果根据目的MAC地址查找到了对应的输出端口，那么为该数据帧添加一个包含输出端口映射位图的本地头，将其交给后级电路，否则向除输入端口以外的其他所有端口广播该数据帧。

与frame_process电路相连的电路之一是以太网查表电路。常用的以太网查表电路包括基于内容可寻址存储器（CAM）的查表电路和基于哈希散列的查表电路hash_2_bucket（见图1-12）。

frame_process电路将完成转发查找的数据帧交给与各个输出端口对应的输出队列（在图1-12中为qm0至qm3），如果是多播数据帧（同时去往不止一个输出端口的数据帧），它就会被写入多个输出队列中。在v1版以太网交换机中，针对每个输出端口都有一个简单的先入先出队列，各队列的缓存深度相同。

mac_t是MAC控制器的发送部分（在图1-12中为mac_t_0至mac_t_3），它们分别从qm0至qm3中读出指针和对应的数据帧，然后通过MII接口的发送部分发出。发送过程中，它们需要计算待发送数据帧的CRC-32校验值，生成发送帧的前导码和帧开始符，最后以4位位宽将数据帧发出。如果待发送数据帧的净荷区长度小于46字节，则需要进行填充。在发送完一个数据帧之后，mac_t需要按照规范等待固定的帧间等待时间，然后才能发送下一个数据帧。

在完成v1版以太网交换机设计之后，为了实现用户输出数据缓冲区的动态分配，充分利用有限的片上数据缓冲区，这里设计了基于链表结构的队列管理器。其基本原理是将数据缓冲区分成长度为64字节的数据块，每个数据块对应一个指针。这个数据缓冲区被所有输出端口共享，因此又称为共享数据缓冲区。所有的可用数据指针被存储在一个自由指针队列中，自由指针可以被读取，也可以被写入。当一个数据帧到达后，它被分割成长度为64字节的定长的内部信元（又称为数据单元），通常一个数据帧的长度不是64字节的整数倍，此时最后一个信元需要进行数据填充，使之长度达到64字节。一个数据帧到达并分割成多个内部信元后，队列管理器电路针对每个信元，从自由指针队列中读出一个自由指针，然后根据指针所提供的地址将该信元写入对应的数据块。根据数据帧长度的不同，一个数据帧可能会占用多个数据块。一个信元写入共享数据缓冲区后，其对应的指针会被加入某个输出端口对应的链表中，等待被读出。如果某个时间段内去往某个输出端口的数据量大于其输出带宽，就会占用较多的数据缓冲区；而某些端口业务量少时，其占用的数据缓冲区深度也会非常低，从而实现了缓冲区的动态分配。在完成此电路后，本书给出了v2版以太网交换机电路。

当然，目前的以太网交换机比本书所给出的更复杂，例如，目前的以太网交换机通常都具有更大的交换容量，支持生成树网桥功能、虚拟局域网功能等。本书的目的是通过以太网交换机这个完整的案例介绍数字系统的基本设计方法，学习一些典型电路的具体实现方式，为深入理解数字系统设计提供支持。

1.6 本书在内容组织上的特点

本书的主要读者为具有一定Verilog HDL语法基础，计划着手进行具有一定规模的数字系统设计的高年级本科生、研究生和工程技术人员。本书以以太网交换机作为一个完整、常见的数字系统案例，完整分析了如何入手设计一个复杂数字系统，并给出其系统电路框架结构，然后根据不同电路单元的特点分别介绍了其设计方法，给出了完整的设计源码和测试代码并进行了仿真分析。整个案例具有实际的参考价值。本书主要有以下特点。

（1）用以太网交换机作为案例，介绍了针对一个复杂、完整的数字系统进行全面设计与分析的方法和步骤。

（2）给出了多个网络中常见的电路，如MAC帧处理电路、基于CAM的查表电路、基于哈希散列的查表电路、简单队列结构、基于链表的队列管理器、CRC-32校验运算电路等。这些电路本身在网络中经常遇到，本书所提供的代码都经过了验证，并在FPGA开发平台上进行了实际的测试和调试，具有较好的工程参考价值。虽然本书中的电路都应用于以太网交换机，但除了MAC控制器和MAC帧处理电路，其余电路都与MAC帧自身的特点无关，具有良好的通用性，可直接应用于其他数字系统中。因此，在讨论本书中的电路时，除非必要，均表述所处理的是数据帧，而非MAC帧。

（3）针对本书中的每一个电路，都会先对其外部连接关系、实现的主要功能、采用的算法以及设计思路等进行介绍，这不但有助于理解电路的设计代码，更有利于帮助初学者逐渐掌握复杂数字系统的设计方法。

（4）针对每个电路，都给出了仿真验证代码。验证代码主要基于task进行编写，有利于帮助初学者熟悉复杂testbench的编写方法。

（5）注重复杂数字系统设计的工程学方法。例如，在完成MAC控制器接收部分（mac_r）和发送部分（mac_t）的设计后，设计了专用的环回测试电路，将二者环回进行统一仿真分析。这是在实际工程设计时常用的分步骤调试和仿真验证的方法。

（6）为了避免一开始就将电路设计的过于复杂，这里提供了v1版和v2版两个以太网交换机，其中v1版以太网交换机采用的是简单的输出队列结构，重点是建立一个基本的以太网交换机，使读者可以及早看到学习效果，增加学习兴趣。此后，v2版以太网交换机使用了基于链表的共享缓存队列结构。该电路所采用的链表结构较为复杂，需要一定的算法知识，但对于理解复杂数字系统的算法设计非常有帮助。

（7）在状态机结构上，本书没有采用标准的米利型或摩尔型状态机，而是采用了工程中常用的混合型状态机。这类状态机的可读性更强。在状态机编码上，直接使用了数字编码，这不仅不会影响状态机的可读性，还更有利于在仿真时直接看到状态编码。

第2章

MAC控制器的设计

以太网MAC控制器主要实现以太网MAC层数据帧的收发功能，根据数据收发方向，可以划分为接收部分（mac_r）和发送部分（mac_t），如图2-1所示。mac_r中的data_fifo用于缓存接收的数据帧，ptr_fifo用于缓存与数据帧对应的指针，二者均采用FIFO实现，共同构成了接收队列，与后级电路相连。mac_t从前级电路读入不完整的待发送数据帧及对应的指针，经过处理后形成完整的待发送数据帧及对应的指针，写入内部的data_fifo和ptr_fifo，此后根据MII接口规范发送给PHY芯片。需要说明的是，本书按照数据帧的流向区分电路之间的前后级关系。

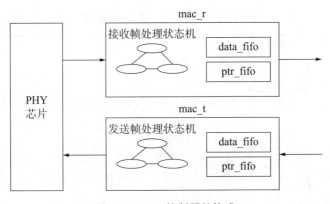

图2-1　MAC控制器的构成

MII接口是一个标准接口，MAC控制器只需根据接口规范进行数据收发即可，不必关心物理层与具体数据收发相关的功能。MII接口信号如图1-7所示。MII接口信号的接口时序关系将在后级电路设计过程中介绍。随着以太网技术的发展，MII出现了多个版本，包括应用于千兆位以太网的GMII，应用于万兆位以太网的XGMII（10 Gigabit Media Independent Interface，万兆位介质无关接口）等，此处不再进一步介绍。

mac_r根据MII接收部分的接口规范，接收来自PHY芯片的以太网数据帧。在接收过程中，mac_r需要完成以下功能。

（1）识别接收数据帧的帧开始符，有效识别出一个帧的起始位置。

（2）正确识别数据帧的字节边界，将以半字节方式接收的数据转换为字节流，提供给后级电路。

（3）对接收的数据帧进行长度计数，得到数据帧的长度，如果长度符合规范（64～1518字节为合法长度），则认为帧长度正确，否则给出帧长度错误指示信息。

（4）根据规范，对接收的数据帧进行CRC-32校验运算，判断数据帧传输过程中是否发生了错误，并给出校验结果错误指示信息。

（5）形成接收数据帧的指针信息（长度、长度合法性判断、CRC-32校验结果正确性指示），与接收的数据帧一起以队列方式交给后级电路处理。

mac_t根据MII发送部分的接口规范，接收来自前级处理电路的待发送数据帧，将其处理后通过PHY芯片发送到线路上。在发送过程中，mac_t需要完成以下功能。

（1）从前级电路读取待发送数据帧。

（2）生成并发送待发送数据帧的前导码。

（3）生成待发送数据帧的帧开始符。

（4）以半字节为位宽进行数据帧发送，同时根据规范，对发送的数据帧进行CRC-32校验运算。

（5）用户数据发送完成后，发送CRC-32校验值。

（6）根据规范要求，在2个数据帧之间插入固定的帧间等待时间。

以太网MAC控制器的端口信号及定义如表2-1所示。

表2-1　本设计使用的以太网MAC控制器的端口定义

端口	I/O类型	位宽/位	功　　能
rstn	input	1	复位信号，低电平有效
clk	input	1	系统时钟信号
rx_clk	input	1	接收电路时钟信号，与rx_dv和rx_d属于同一个时钟域
rx_dv	input	1	接收数据有效指示，为1时表示当前rx_d为有效接收数据
rx_d	input	4	接收数据，位宽为4位
tx_clk	input	1	发送电路时钟信号，由PHY芯片提供，与tx_dv和tx_d属于同一时钟域
tx_dv	output	1	发送数据有效指示，为1时表示当前tx_d为有效发送数据
tx_d	output	4	当前发送数据，位宽为4位

MII接口的工作时序将在具体电路设计中介绍。

本设计是以太网交换机，不存在载波侦听和冲突检测问题，因此忽略MII接口中对设计没有影响的信号，以简化设计，这不影响所设计以太网交换机的主要功能。

2.1　MAC控制器接收部分的设计

mac_r用于从MII接口的接收部分接收数据帧，对其进行检查，将接收的数据帧和对应的指针（包括帧长度和与该帧对应的状态信息）写入接收队列，提供给后级电路。下文首先介绍MII接口的接收部分的工作时序，mac_r内部的状态机将按照该时序接收来自PHY芯片的数据帧，然后介绍mac_r的具体实现。

2.1.1　MII接口中与数据帧接收相关的信号

图2-2是MII接口中与数据帧接收相关的信号及工作时序。需要说明的是，根据Verilog代码的命名习惯，mac_r和后面的mac_t都属于以太网交换机的内部电路模块，因此它们的端口虽然与MII接口相连，但通常不直接使用规范定义的MII接口信号名称，而是另外起一个相近的名称，并且通常用小写字母命名。当PHY芯片从线路上接收一个数据帧时，首先利用以太网帧的前导码进行线路时钟提取，恢复出与接收数据同步的时钟，然后利用该时钟对接收的数据进行处理，通过MII接口发送给mac_r。当PHY芯片向mac_r发送有效数据时，它将rx_dv由0驱动为1，表示一个数据帧的开始，当前输出数据为有效的接收数据；当rx_dv由1变成0时，表示一个数据帧接收结束。rx_dv中的dv是data valid（数据有效）的首字母，用于表示当前数据线rx_d[3:0]上的数据是有效的。MII接口采用位宽为4位的数据总线传输数据，一次传送半字节。在MII的接收信号中还包括3个信号，分别为crs、col和rx_er，在共享介质型的以太网中，用于指示信道上侦听到载波、发生了冲突和存在接收错误，目前多数以太网均采用以太网交换机进行连接，此时可以不使用这3个信号。

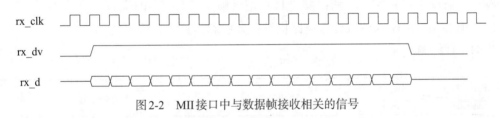

图2-2　MII接口中与数据帧接收相关的信号

2.1.2　mac_r与后级电路的接口队列

2.1.2.1　接口队列的工作方式

mac_r和后级电路的接口为一个简单的先入先出队列。该队列中包括两个FIFO，其中一个（data_fifo）用于存储接收到的数据帧，另一个（ptr_fifo）存储与数据帧对应的指针。mac_r接收数据帧时，一边接收数据，一边将其写入data_fifo，当数据帧接收完成后，mac_r将该数据帧的长度和与之对应的状态信息组成一个指针值，写入ptr_fifo，供后级电路处理使用。这样，在data_fifo中有多少个数据帧，在ptr_fifo中就有多少个指针。例如，mac_r刚接收了一个MAC帧，长度为100字节，该数据帧在接收过程中没有出现任何错误，那么mac_r会在将数据帧完整地写入data_fifo后，将其对应的指针值100写入ptr_fifo。对于写入的ptr，需要定义一个简单的结构，如图2-3所示，指针位宽为16位，其中位15表示该数据帧在接收过程中是否出现错误，如果无差错，则该位为0，如果出现了任何差错，则将该位置1，它和位0～位10表示的长度值将一起写入ptr_fifo，此时位11～位14

未使用。假如接收的数据帧长度为100字节，则mac_r检测到接收帧错误时写入的指针为16'h8064（16'h在Verilog HDL语言中表示位宽为16位的十六进制数）；如果没有检测到接收帧错误，则写入的是16'h0064。

指针的数据位	功　能
位15	表示数据帧在接收过程是否有错误（0代表正确，1代表错误）
位0～位10	存放当前接收的数据帧的长度值
位11～位14	未使用

图2-3　指针的结构

mac_r通过接收队列与后级电路相连，后级电路在具体处理时采用以下步骤。

（1）监视mac_r的ptr_fifo，如果不为空，表示data_fifo中存储着完整的数据帧。如果可以处理该数据帧，则首先读ptr_fifo，获取该数据帧的长度以及该帧是否存在错误等信息。

（2）根据指针所提供的长度信息对data_fifo进行读操作，将该数据帧完整地读出。如果该帧是正确的（读出的指针最高位为0），则正常接收和处理该数据帧，否则将其读出后丢弃。

这里的指针中，位15用于指示是否存在接收错误，还可以设置更多状态位，为后级处理电路提供更多状态信息。如图2-4所示，位15用于指示是否存在CRC-32校验错误，位14用于指示是否存在帧长度错误（合法的数据帧长度在64～1518字节之间）。由于以太网帧最大长度为1518字节，所以需要11位记录帧长，未使用的位11～位13可用于记录不同的差错类型，以便为后级处理电路提供更多状态信息。在后面的例子中，将采用图2-4给出的指针结构。

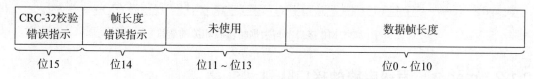

图2-4　提供更多状态信息的指针结构

mac_r在接收数据帧时，通常只有在接收到完整的数据帧后，才会发现是否存在CRC-32校验错误，因此会边接收边存储数据帧，等接收完成后才能确定与之对应的指针信息。而mac_r的后级电路发现ptr_fifo非空时，才能确定data_fifo中有完整的数据帧，对其进行处理。考虑到MAC帧的长度远大于指针长度，因此data_fifo的深度应远大于ptr_fifo的深度。

在mac_r开始接收数据帧时，应首先判断与后级电路接口的队列缓冲区是否可以接收一个完整的数据帧，如果可以接收，则边接收边将其写入队列；如果队列缓冲区无法容纳一个最大数据帧，则丢弃当前的数据帧。判断是否可以接收当前数据帧的依据通常为ptr_fifo非满，表示至少可以再存储一个指针，同时data_fifo的剩余空间可以存储一个最大MAC帧，即1518字节。具体设计时通常用一个反压（back pressure，bp）信号来表示接收队列是否可以接收一个最大数据帧，如果bp为1，则表示发生了反压，丢弃当前数据帧；如果bp为0，则表示可以接收当前数据帧。

接口队列的缓冲区深度越大，通常越不容易造成因为接口队列缓冲区发生反压而使数据被丢弃，但这样做会消耗更多的硬件资源。另外，后级电路的数据处理速度越快，也越不容易造成接口队列缓冲区发生反压。

对于这种队列结构，另一个需要注意的问题是 data_fifo 和 ptr_fifo 的读写时钟选择问题。MII 接口中包括了由 PHY 芯片发送给 mac_r 的时钟信号 rx_clk，MII 接口接收部分的其他信号都同步于该时钟信号，或者说 MII 接收部分的信号属于 rx_clk 时钟域。此时，需要使用 rx_clk 对接收数据帧进行处理，然后将其写入接口队列。而 mac_r 后级电路需要采用系统时钟 clk 工作（数字系统中通常用 clk 而不是 clock 表示时钟信号），此时接口队列中的 FIFO 通常采用异步 FIFO，它的写入和读出可以使用不同的时钟，因此可以隔离两个时钟域。关于时钟域这里不做进一步讨论。

2.1.2.2　异步 FIFO 的生成与工作时序

FIFO 是电路设计中的一个常用 IP 核，在 FPGA 开发环境中可以方便地根据设计需要加以生成。生成一个 FIFO 之前需要先熟悉 FPGA 开发所需的工具环境，这里使用的是 Xilinx 公司的 ISE，其版本不同时使用略有差异。这里直接给出生成一个所需的异步 FIFO 和对它进行例化（"例化"，在硬件描述语言中的含义和软件编程中的子程序调用类似）的基本流程。

步骤 1：创建设计工程。打开 ISE 软件后，从菜单栏依次选择 File 和 New Project，在出现的 New Project Wizard 窗口中可以建立所需的设计工程。选择一个磁盘并创建 ethernet_switch 目录，然后在该目录下创建一个工程 ethernet_switch_v1，如图 2-5 所示。

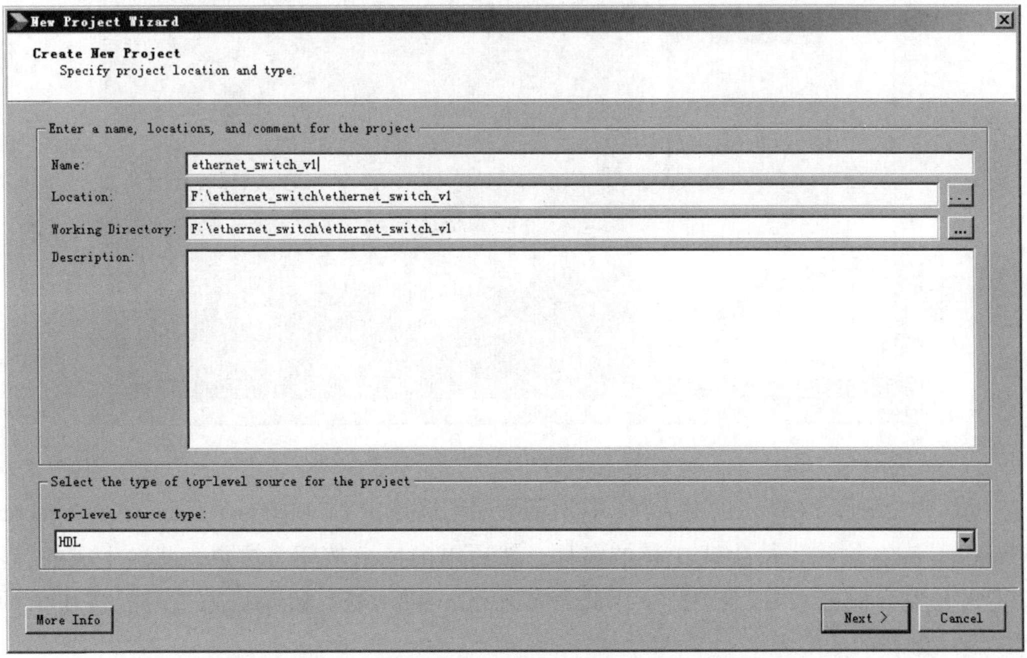

图 2-5　创建工作目录 ethernet_switch 和 ethernet_switch_v1 工程

单击 Next 按钮，会显示如图 2-6 所示的 Projoct Settings 对话框，可按图中所示进行设置。

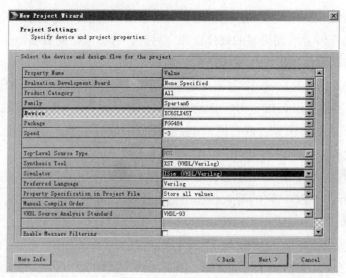

图2-6　Project Settings对话框

此后继续单击Next按钮，直至完成本工程的初始设置。

步骤2：生成一个名为afifo_w8_d4k的IP核。如图2-7所示，在主界面左上角Hierarchy窗口处，单击鼠标右键并选择New Source选项。

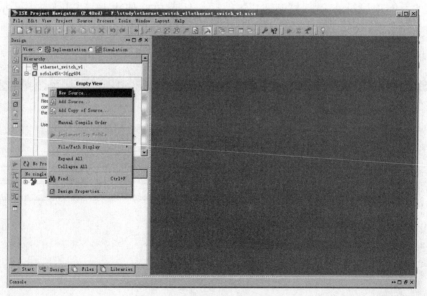

图2-7　选择New Source选项

此后弹出如图2-8所示的对话框，在对话框左侧选择IP（CORE Generator & Architecture Wizard），在右侧输入待生成IP核的名称，然后单击Next按钮。注意，此次生成的异步FIFO的位宽为8位，深度为4K①，因此命名为afifo_w8_d4k。如果生成的是同步FIFO，则可以用sfifo表示。

---

① 注意，在FPGA中，FIFO和RAM的存储宽度单位为bit（位），存储深度单位为word。一个word的位宽可以灵活配置（从1到数百）。在C语言等高级语言中，一个word的位宽是固定的，通常为16位。根据使用习惯，描述FPGA中的FIFO和RAM的深度时，通常不带单位，这里的K表示1024。

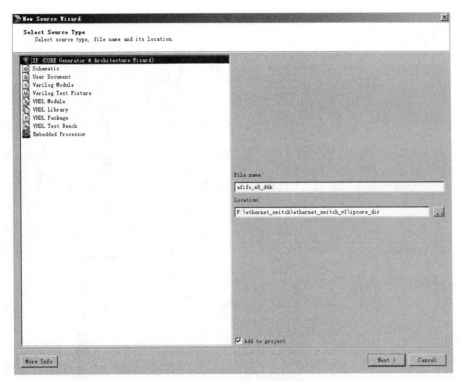

图 2-8　Select Source Type 对话框

此后显示出 Select IP 对话框，可进行如图 2-9 所示的选择。

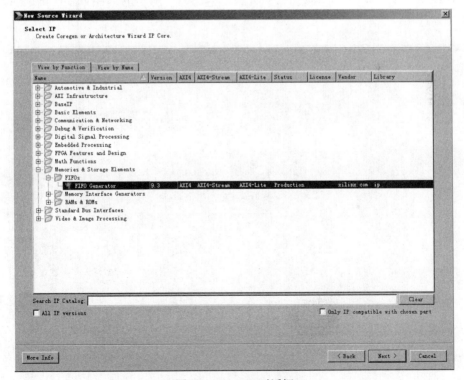

图 2-9　Select IP 对话框

之后，在出现的窗口中单击Finish按钮，即可显示如图2-10所示的FIFO生成器（FIFO Generator）选项页。

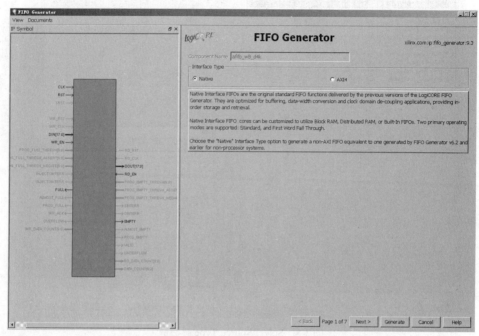

图2-10　FIFO Generator的第1个选项页（共7个）

选择默认选项，单击Next按钮，则会显示如图2-11所示的选项页。这里选项较多，可根据需要选择。

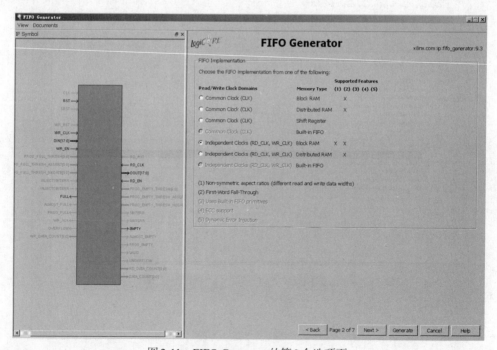

图2-11　FIFO Generator的第2个选项页

　　Read/Write Clock Domains 表示 FIFO 是同步的还是异步的。如果是同步的，即读写操作采用同一个时钟，那么选择 Common Clock；否则选择 Independent Clocks，表示读写端口采用不同的时钟，分属不同的时钟域。

　　另一个需要确定的是 Memory Type。如果 FIFO 深度较大，则通常使用 FPGA 内部的块 RAM（Block RAM）资源来实现；如果深度较小，则可以考虑采用分布式 RAM（Distributed RAM）来实现。在具体选择时还需要参考当前工程总的资源消耗量，通常选择较为充裕的资源来实现。此处按照图 2-11 所示方式选择，然后单击 Next 按钮，显示图 2-12 所示界面。

　　在图 2-12 所示的 Read Mode 部分中，如果选择 Standard FIFO 模式，则表示 FIFO 非空时，外部电路需要先对 FIFO 进行读出操作，FIFO 读出端口才能输出数据；如果选择 First-Word Fall-Through 模式（此时的 FIFO 通常称为 Fall-Through 模式的 FIFO），则表示 FIFO 非空时无须外部电路进行读操作，第一个数据就能出现在 FIFO 读出端口上。对于 Fall-Through 模式的 FIFO，建议在名称中加上"ft"。例如，这里生成的 FIFO 就是 Fall-Through 模式的，所以建议命名为 afifo_ft_w8_d4k 或 afifo_w8_d4k_ft。

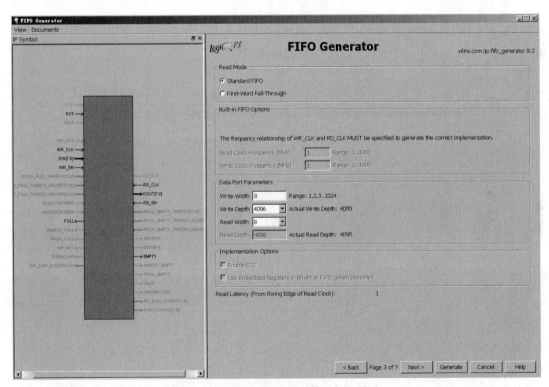

图 2-12　FIFO Generator 的第 3 个选项页

　　此后依次按照图 2-13 至图 2-16 的方式进行选择。

　　图 2-16 给出了关于此 IP 核的总结，其中有一项为 Block RAM resource(s) (18K BRAMs)，显示结果为 2，表示此 FIFO 占用了两个容量为 18 Kbit 的标准块 RAM 资源。

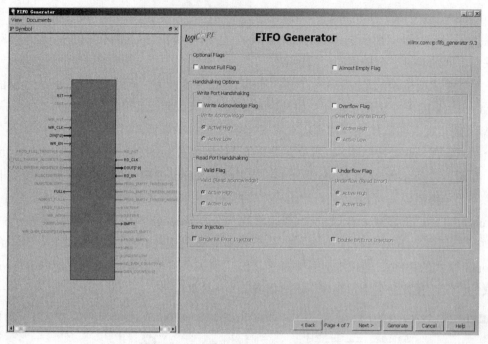

图 2-13　FIFO Generator 的第 4 个选项页

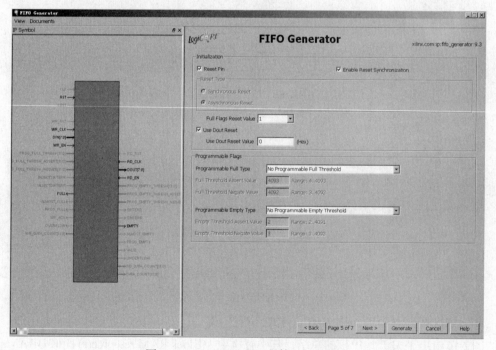

图 2-14　FIFO Generator 的第 5 个选项页

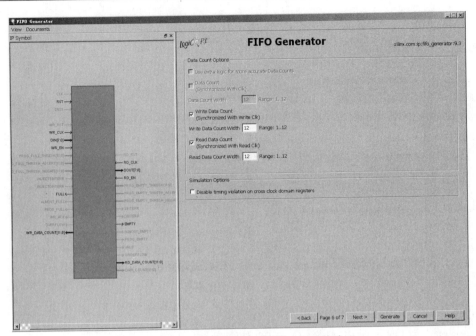

图 2-15　FIFO Generator 的第 6 个选项页

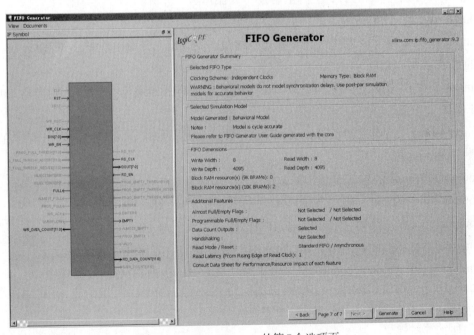

图 2-16　FIFO Generator 的第 7 个选项页

　　完成上述操作后，在主界面的 Hierarchy 窗口中会出现该 IP 核，如图 2-17 所示。用鼠标选中它，在下方的 Processes 窗口中，点开 CORE Generator 左侧的"+"，展开的界面如图 2-17 所示，双击 View HDL Instantiation Template 即可在右侧窗口看到该内核的例化模板。如果要例化该元件，则只需将例化模板选中并复制，粘贴到自己的设计中，再进行恰当的连接。

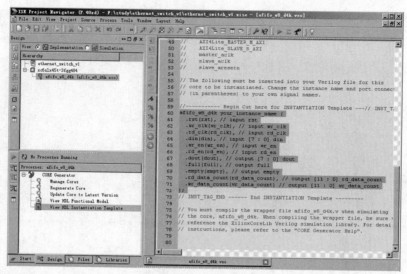

图2-17　IP核例化模板

下面是所生成FIFO的例化模板及信号说明。

input rst：为1时，对FIFO复位，FIFO被清空。

input wr_clk：写入时钟，上升沿触发写入操作。

input rd_clk：读出时钟，上升沿触发读出操作。

input [7:0] din：写入数据信号，位宽为8位，wr_clk上升沿出现时，如果wr_en为1，则当前数据被写入FIFO。

input wr_en：写入控制信号，wr_clk上升沿出现时，如果wr_en为1，则当前din被写入FIFO。

input rd_en：读出控制信号，rd_clk上升沿出现时，如果rd_en为1，则当前排在最前面的数据从dout输出。

output [7:0] dout：输出被读出的数据。

output full：为1时，表示当前FIFO已写满，属于wr_clk时钟域。

output empty：为1时，表示当前FIFO已读空，属于rd_clk时钟域。

output [11:0] rd_data_count：从rd_clk时钟域看到的当前FIFO的数据深度。

output [11:0] wr_data_count：从wr_clk时钟域看到的当前FIFO的数据深度。

```verilog
afifo_w8_d4k  your_instance_name (
    .rst(rst),
    .wr_clk(wr_clk),
    .rd_clk(rd_clk),
    .din(din),
    .wr_en(wr_en),
    .rd_en(rd_en),
    .dout(dout),
    .full(full),
    .empty(empty),
```

```
.rd_data_count(rd_data_count),
.wr_data_count(wr_data_count)
);
```

需要说明的是，FIFO在例化过程中还能提供很多其他选项，这里只使用了最常用的选项。为了深入理解异步FIFO的工作时序，便于开展后续的设计工作，我们需要编写testbench对其进行仿真分析。在ISE中，可以直接生成一个电路的testbench模板，具体步骤如下所述。

步骤1：如图2-18所示，对于主界面Design（设计）窗口左上角的View项，选中Simulation单选钮。然后，将光标移至该窗口，单击鼠标右键并选择New Source选项，即可出现如图2-19所示的对话框。在对话框中选中Verilog Text Fixture，在File name栏中输入afifo_w8_d4k_tb，并指定其存储位置。然后，单击Next按钮进入图2-20所示的对话框。

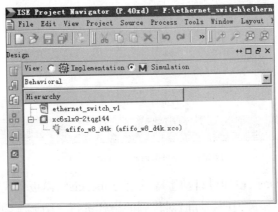

图2-18　进入仿真窗口

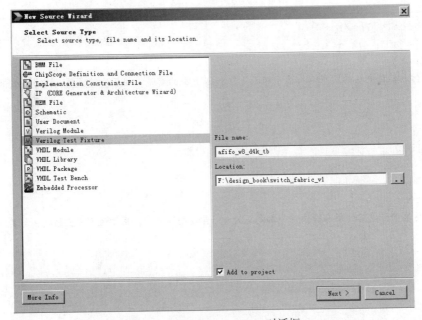

图2-19　Select Source Type对话框

步骤2：如图2-20所示，在Associate Source对话框中选择afifo_w8_d4k，然后单击Next按钮。

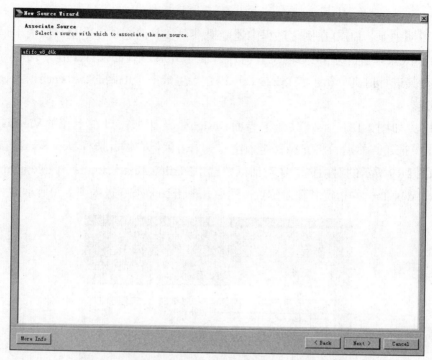

图2-20　Associate Source对话框

接下来，单击Finish按钮即可自动生成一个testbench的模板，代码如下所示。为了便于理解，代码中给出了相关说明，同时对代码的格式进行了微调。需要说明的是，代码中的英文注释是模板自带的，未译出。

```verilog
`timescale 1ns/1ps
module afifo_w8_d4k_tb;
// Inputs
// 被仿真验证电路的所有输入信号都定义为reg类型的变量，用于直接赋值，产生所需的测试激励
reg         rst;
reg         wr_clk;
reg         rd_clk;
reg [7:0]   din;
reg         wr_en;
reg         rd_en;
//Outputs
// 被仿真验证电路的所有输出信号都定义为wire类型的变量，用于观测输出结果，与其他电路互连
wire [7:0]  dout;
wire        full;
wire        empty;
wire [11:0] rd_data_count;
wire [11:0] wr_data_count;
//Instantiate the Unit Under Test (UUT)
```

```
afifo_w8_d4k  uut (
    .rst(rst),
    .wr_clk(wr_clk),
    .rd_clk(rd_clk),
    .din(din),
    .wr_en(wr_en),
    .rd_en(rd_en),
    .dout(dout),
    .full(full),
    .empty(empty),
    .rd_data_count(rd_data_count),
    .wr_data_count(wr_data_count));
// 下面是仿真激励的主体部分, 出现在一个 initial 块中, 其中给出了所有 reg 类型的变量在
// 仿真时刻 0 的初始值
initial begin
// Initialize inputs
    rst=0;
    wr_clk=0;
    rd_clk=0;
    din=0;
    wr_en=0;
    rd_en=0;
    // Wait 100 ns for global reset to finish
    #100;
    // Add stimulus here
end
endmodule
```

以所生成的测试代码为模板, 可以添加需要的测试激励, 最终的测试代码如下所示。

```
`timescale 1ns / 1ps
module afifo_w8_d4k_tb;
// Inputs
reg rst;
reg wr_clk;
reg rd_clk;
reg [7:0] din;
reg wr_en;
reg rd_en;

// Outputs
wire [7:0] dout;
wire full;
wire empty;
wire [11:0] rd_data_count;
wire [11:0] wr_data_count;
```

```verilog
always #5 wr_clk=~wr_clk;
always #10 rd_clk=~rd_clk;
// Instantiate the Unit Under Test (UUT)
afifo_w8_d4k  uut (
    .rst(rst),
    .wr_clk(wr_clk),
    .rd_clk(rd_clk),
    .din(din),
    .wr_en(wr_en),
    .rd_en(rd_en),
    .dout(dout),
    .full(full),
    .empty(empty),
    .rd_data_count(rd_data_count),
    .wr_data_count(wr_data_count)
);
initial begin
    // Initialize Inputs
    rst=1;
    wr_clk=0;
    rd_clk=0;
    din=0;
    wr_en=0;
    rd_en=0;
    // Wait 100 ns for global reset to finish
    #100;
    rst=0;
    #100;
    //write 10 data into fifo.
    repeat(10)@(posedge wr_clk) begin
        #2;
        wr_en=1;
        din=din+1;
        end
    repeat(1)@(posedge wr_clk) begin
        #2;
        wr_en=0;
        end
    repeat(10)@(posedge wr_clk);
    //read 10 data out from fifo.
    repeat(10)@(posedge rd_clk) begin
        #2; // 时钟上升沿之后再延迟 2 ns, 模拟电路延迟
        rd_en=1;
```

```
        end
    repeat(1)@(posedge rd_clk) begin
        #2;
        rd_en=0;
        end
    end
endmodule
```

上述代码的仿真波形如图 2-21 所示。

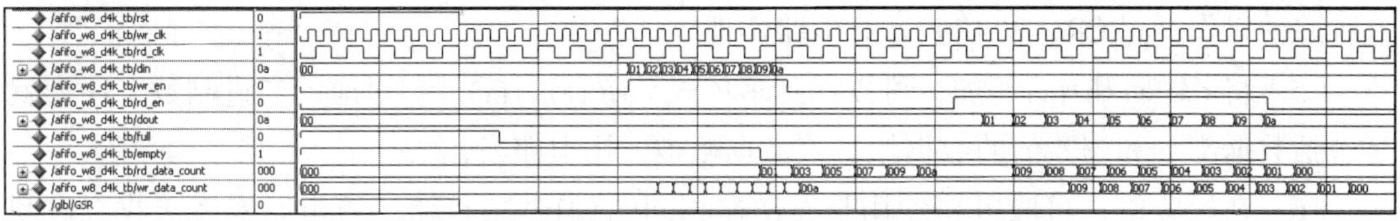

图 2-21　异步 FIFO 的读写仿真波形

关于仿真波形，需要注意以下几点。

（1）异步 FIFO 包括两个时钟域，wr_en、din、full 和 wr_data_count 属于同一个时钟域，每写入一个数据，深度 wr_data_count 加 1。当 full 为 1 时，不能继续写入，否则会发生溢出错误。

（2）rd_en、dout、empty 和 rd_data_count 属于同一个时钟域，每读出一个数据，深度 rd_data_count 减 1。当 empty 为 1 时，不能继续读出，否则会发生错误。

（3）从图中可以看出，由于异步 FIFO 内部有跨时钟域处理电路，将 wr_en 置为 1，开始向异步 FIFO 写入数据，wr_data_count 的值随着数据的写入而不断增大，rd_data_count 值的变化滞后于 wr_data_count 的值。将 rd_en 置为 1，开始从异步 FIFO 中读出数据，rd_data_count 的值随着数据的读出而不断减小，wr_data_count 值的变化滞后于 rd_data_count 的值。

mac_r 电路需要使用两个异步 FIFO，一个用于存储数据帧，另一个用于存储该数据帧对应的指针。指针 FIFO 的生成方式与此类似，这里不再介绍。

2.1.3　802.3 CRC–32 校验运算电路

CRC 校验是通信中常用的差错检测方式，用于判断数据帧在通信过程中是否发生了差错。我们将通信过程中的每个数据帧划分为数据和校验值两部分。数据部分是数据帧需要传输的有效数据，校验值是附加的冗余，用于检测数据帧在通信过程中是否发生了差错。CRC 校验的基本工作方式是：在发送端，发送电路根据待发送数据和生成多项式，通过校验运算生成校验值，然后将二者组成数据帧发出；在接收端，接收电路对接收到的数据帧使用与发送端相同的生成多项式进行校验运算，检查校验值并判断所收到的数据帧是否在通信过程中发生了差错。

CRC 校验的具体操作步骤如下所述。

（1）在发送端，将待发送数据帧的数据部分（长度为k位二进制数）可以表示为一个二进制数字序列（m_{k-1}, m_{k-2}, $\cdots$, m_1, m_0），按照如下方式生成一个与之对应的多项式：$M(x) = m_{k-1}x^{k-1} + m_{k-2}x^{k-2} + \cdots + m_1x + m_0$。可见，每个待发送数据帧都有唯一一个与之对应的多项式。

（2）选择CRC校验运算所需的生成多项式，根据以太网规范，它使用的CRC-32生成多项式$g(x)$为

$$g(x) = x^{32} + x^{26} + x^{23} + x^{22} + x^{16} + x^{12} + x^{11} + x^{10} + x^8 + x^7 + x^5 + x^4 + x^2 + x + 1$$

（3）将$M(x)$乘以x^r，可得到$x^rM(x)$，其中r为$g(x)$中x的最高幂次，对于CRC-32，$r = 32$。

（4）将$x^rM(x)$除以生成多项式$g(x)$，得到余式$r(x)$，$r(x)$对应的r位码元就是校验值，这种除法操作通过CRC-32校验运算电路实现。

（5）将$x^rM(x)$和$r(x)$相加，可以得到多项式$x^rM(x) + r(x)$，它对应的二进制数字序列就是包括数据部分和校验值的数据帧，该数据帧被发送电路发出。

（6）在接收端，接收电路使用与发送端相同的CRC-32校验运算电路实现接收二进制数字序列所对应多项式除以$g(x)$的操作，如果得到的校验值是一个特定的值[①]，则说明通信过程中没有发生差错，否则说明发生了差错。

图2-22是一个CRC-32校验运算电路的结构图。图中的d[7:0]是输入的用户数据，按照字节的方式输入。load_init是在对一个新的数据帧开始校验运算之前对电路进行初始化的控制信号。经过初始化后，电路内部32位寄存器的值置为全1。calc是电路运算指示信号，在整个数据帧输入和CRC校验结果输出的过程中都应该保持有效（高电平有效）。d_valid为1时表示当前输入的是需要进行校验运算的有效数据。crc[7:0]是电路输出的CRC校验运算结果，在有效数据输入完成后，按照字节方式输出，共4个有效字节。crc_reg[31:0]是内部寄存器的值，具体使用时无须使用该输出。

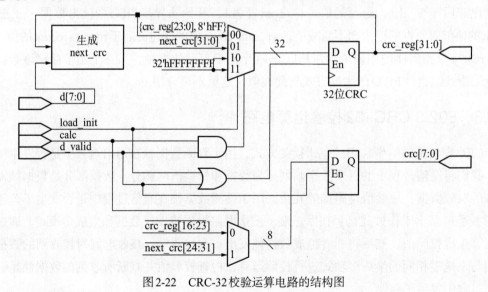

图2-22　CRC-32校验运算电路的结构图

　　下面是实现CRC-32校验运算功能的电路设计代码，此时模块名称为crc32_8023，表示其遵循的是IEEE 802.3标准。

```
module crc32_8023 (
    clk,
    reset,
    d,
    load_init,
    calc,
    d_valid,
    crc_reg,
    crc);
input          clk;
input          reset;
input   [7:0]  d;
input          load_init;
input          calc;
input          d_valid;
output  [31:0] crc_reg;
reg     [31:0] crc_reg;
output  [7:0]  crc;
reg     [7:0]  crc;
wire    [2:0]  ctl;
wire    [31:0] next_crc;
wire    [31:0] i;
assign  i=crc_reg;
always @(posedge clk or posedge reset)
    if(reset) crc_reg<=32'hffffffff;
    else begin
        case(ctl) //{load_init,calc,d_valid}
        3'b000,
        3'b010: begin   crc_reg<=crc_reg;   crc<=crc;   end
        3'b001: begin
            crc_reg<={crc_reg[23:0],8'hff};
            crc<=~{ crc_reg[16],crc_reg[17],crc_reg[18],crc_reg[19],
                crc_reg[20],crc_reg[21],crc_reg[22],crc_reg[23]};
            end //[16:23];
        3'b011: begin
            crc_reg<=next_crc[31:0];
            crc<=~{ next_crc[24],next_crc[25],next_crc[26],next_crc[27],
                next_crc[28],next_crc[29],next_crc[30],next_crc[31]};
            end //[24:31];
        3'b100,
        3'b110: begin
            crc_reg<=32'hffffffff;
            crc<=crc;
            end
```

```
      3'b101: begin
          crc_reg<=32'hffffffff;
          crc<=~{ crc_reg[16],crc_reg[17],crc_reg[18],crc_reg[19],
                  crc_reg[20],crc_reg[21],crc_reg[22],crc_reg[23]};
          end //[16:23];
      3'b111: begin
          crc_reg<=32'hffffffff;
          crc<=~{ next_crc[24],next_crc[25],next_crc[26],next_crc[27],
                  next_crc[28],next_crc[29],next_crc[30],next_crc[31]};
          end //[24:31];
      endcase
      end
assign next_crc[0]=d[7]^i[24]^d[1]^i[30];
assign next_crc[1]=d[6]^d[0]^d[7]^d[1]^i[24]^i[25]^i[30]^i[31];
assign next_crc[2]=d[5]^d[6]^d[0]^d[7]^d[1]^i[24]^i[25]^i[26]^i[30]^i[31];
assign next_crc[3]=d[4]^d[5]^d[6]^d[0]^i[25]^i[26]^i[27]^i[31];
assign next_crc[4]=d[3]^d[4]^d[5]^d[7]^d[1]^i[24]^i[26]^i[27]^i[28]^i[30];
assign next_crc[5]=d[0]^d[1]^d[2]^d[3]^d[4]^d[6]^d[7]^i[24]^i[25]^i[27]^
                i[28]^i[29]^i[30]^i[31];
assign next_crc[6]=d[0]^d[1]^d[2]^d[3]^d[5]^d[6]^i[25]^i[26]^i[28]^i[29]
                ^i[30]^i[31];
assign next_crc[7]=d[0]^d[2]^d[4]^d[5]^d[7]^i[24]^i[26]^i[27]^i[29]^i[31];
assign next_crc[8]=d[3]^d[4]^d[6]^d[7]^i[24]^i[25]^i[27]^i[28]^i[0];
assign next_crc[9]=d[2]^d[3]^d[5]^d[6]^i[1]^i[25]^i[26]^i[28]^i[29];
assign next_crc[10]=d[2]^d[4]^d[5]^d[7]^i[2]^i[24]^i[26]^i[27]^i[29];
assign next_crc[11]=i[3]^d[3]^i[28]^d[4]^i[27]^d[6]^i[25]^d[7]^i[24];
assign next_crc[12]=d[1]^d[2]^d[3]^d[5]^d[6]^d[7]^i[4]^i[24]^i[25]^i[26]^
                i[28]^i[29]^i[30];
assign next_crc[13]=d[0]^d[1]^d[2]^d[4]^d[5]^d[6]^i[5]^i[25]^i[26]^i[27]^i
                [29]^i[30]^i[31];
assign next_crc[14]=d[0]^d[1]^d[3]^d[4]^d[5]^i[6]^i[26]^i[27]^i[28]^i[30]^
                i[31];
assign next_crc[15]=d[0]^d[2]^d[3]^d[4]^i[7]^i[27]^i[28]^i[29]^i[31];
assign next_crc[16]=d[2]^d[3]^d[7]^i[8]^i[24]^i[28]^i[29];
assign next_crc[17]=d[1]^d[2]^d[6]^i[9]^i[25]^i[29]^i[30];
assign next_crc[18]=d[0]^d[1]^d[5]^i[10]^i[26]^i[30]^i[31];
assign next_crc[19]=d[0]^d[4]^i[11]^i[27]^i[31];
assign next_crc[20]=d[3]^i[12]^i[28];
assign next_crc[21]=d[2]^i[13]^i[29];
assign next_crc[22]=d[7]^i[14]^i[24];
assign next_crc[23]=d[1]^d[6]^d[7]^i[15]^i[24]^i[25]^i[30];
assign next_crc[24]=d[0]^d[5]^d[6]^i[16]^i[25]^i[26]^i[31];
assign next_crc[25]=d[4]^d[5]^i[17]^i[26]^i[27];
assign next_crc[26]=d[1]^d[3]^d[4]^d[7]^i[18]^i[28]^i[27]^i[24]^i[30];
assign next_crc[27]=d[0]^d[2]^d[3]^d[6]^i[19]^i[29]^i[28]^i[25]^i[31];
assign next_crc[28]=d[1]^d[2]^d[5]^i[20]^i[30]^i[29]^i[26];
assign next_crc[29]=d[0]^d[1]^d[4]^i[21]^i[31]^i[30]^i[27];
assign next_crc[30]=d[0]^d[3]^i[22]^i[31]^i[28];
```

```
assign next_crc[31]=d[2]^i[23]^i[29];
assign ctl={load_init,calc,d_valid};
endmodule
```

下面是CRC-32校验运算电路的测试代码。

```
`timescale 1ns/1ns
module crc_test();
    reg clk,reset;
    reg [7:0]d;
    reg load_init;
    reg calc;
    reg data_valid;
    wire [31:0]crc_reg;
    wire [7:0] crc;
initial
    begin
        clk=0;
        reset=0;
        load_init=0;
        calc=0;
        data_valid=0;
        d=0;
        end
always  begin  #10 clk=1;#10 clk=0; end
always begin
    crc_reset;
    crc_cal;
    end
task crc_reset;
    begin
        reset=1;
        repeat(2)@(posedge clk);
        #5;
        reset=0;
        repeat(2)@(posedge clk);
        end
endtask

task crc_cal;
    begin
        repeat(5) @(posedge clk);
        //================================================================
        // 通过 load_init=1 对 CRC-32 校验运算电路进行初始化
        //================================================================

        #5; load_init=1;repeat(1)@(posedge clk);
```

```
//==================================================================
// 设置 load_init=0, data_valid=1, calc=1, 开始对输入数据进行 CRC 校验运算
//==================================================================

#5;load_init=0;data_valid=1;calc=1;d=8'haa;
repeat(1)@(posedge clk);
#5;data_valid=1;calc=1;d=8'hbb;repeat(1)@(posedge clk);
#5;data_valid=1;calc=1;d=8'hcc;repeat(1)@(posedge clk);
#5;data_valid=1;calc=1;d=8'hdd;repeat(1)@(posedge clk);

//==================================================================
// 设置 load_init=0, data_valid=1, calc=0
// 停止对数据进行 CRC 校验运算, 开始输出, 并计算结果
//==================================================================

#5;data_valid=1;calc=0;d=8'haa;
repeat(1)@(posedge clk);
#5;data_valid=1;calc=0;d=8'haa;
repeat(1)@(posedge clk);
#5;data_valid=1;calc=0;d=8'haa;
repeat(1)@(posedge clk);
#5;data_valid=1;calc=0;d=8'haa;
repeat(1)@(posedge clk);
#5;data_valid=0;
repeat(10)@(posedge clk);
end
endtask
crc32_8023   my_crc_test(.clk(clk),.reset(reset),.d(d),.load_init(load_
    init),.calc(calc),.d_valid(data_valid),.crc_reg(crc_reg),.crc(crc));
endmodule
```

图2-23是CRC-32校验运算电路的仿真结果。图中，①是电路进行CRC校验运算之前对电路进行初始化操作的过程，在clk上升沿出现时，load_init为1，表示对电路进行初始化。经过初始化之后，crc_reg内部数值为全1。②是对输入数据 aa→bb→cc→ dd 进行运算操作的过程，此时calc和data_valid均为1。③是输出运算结果的过程，CRC校验运算结果a7、01、b4和55先后被输出。

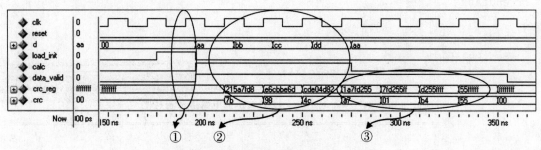

图2-23   CRC-32校验运算电路的仿真结果

在 mac_t 和 mac_r 中都需要使用 CRC-32 校验运算电路。在 mac_t 中，使用它计算待发送数据帧的 CRC 校验值；在 mac_r 中，使用它对接收的数据帧进行校验值运算。如果一个数据帧接收完成后，CRC-32 校验运算电路的端口 crc_reg 的输出为 32'hc704dd7b，则说明该数据帧在通信过程中没有发生差错，否则说明发生了差错。

2.1.4　mac_r 电路设计

2.1.4.1　mac_r 电路的基本设计需求

mac_r 电路要实现的基本功能如下所述。

（1）能够正确识别 MAC 帧的帧开始符。PHY 芯片接收的数据中包括 MAC 帧的前导码，用于供 PHY 芯片进行时钟同步，这会消耗一部分前导码。同步建立后，PHY 芯片将剩余的前导码、帧开始符和 MAC 帧通过 MII 接口发送给 mac_r，mac_r 应该能够从接收数据中正确识别 MAC 帧的帧开始符。

（2）能够识别出超短帧。根据规范，一个 MAC 帧的最小长度为 64 字节，小于 64 字节的帧为非法帧。收到超短帧时，mac_r 应该能够发现并给出长度错误指示信息。

（3）能够识别出超长帧。根据规范，一个 MAC 帧的最大长度为 1518 字节，大于 1518 字节的帧为非法帧。收到超长帧时，mac_r 应该能够发现并给出长度错误指示信息。

（4）发现半字节错误。mac_r 通过 MII 接口接收数据时，每个时钟周期接收 4 位，即半字节。mac_r 会对接收到的 4 位数据的数目进行计数。如果完成一个 MAC 帧的接收后计数值不是偶数，则说明接收的 MAC 帧中存在半字节错误。当存在半字节错误时，mac_r 必然同时会发现该 MAC 帧存在 CRC 校验错误，因此在电路实际实现时，可以不单独判断是否发生了半字节错误。

（5）发现 CRC 校验错误。mac_r 会对接收的 MAC 帧进行 CRC 校验运算。一个完整的 MAC 帧接收完毕后，CRC-32 校验运算电路的端口 crc_reg 输出的值如果是 32'hc704dd7b，则说明接收的 MAC 帧不存在 CRC 校验错误，否则说明存在 CRC 校验错误。mac_r 应该对此进行正确判断，并给出是否存在错误的指示信息。

（6）mac_r 内部有与后级电路相连的接口队列，该队列由一个数据 FIFO 和一个指针 FIFO 构成，它可以将接收的数据帧及与数据帧对应的指针写入接口队列，供后级电路读取。

2.1.4.2　设计思路

对于 mac_r 这类对接收数据帧进行处理的电路，有一些共性的规律可循，具体设计思路如下所述。

（1）将数据流从输入到输出的过程看成一个对数据帧进行加工和处理的流水线。

（2）输入的数据帧进入由多组移位寄存器构成的并行移位寄存器组，它的输出用于后续 4 位到 8 位的变换和 CRC-32 校验运算。

（3）根据移位寄存器组中的信息，产生供接收状态机和数据处理使用的各种内部控制信号，例如：

dv_sof 信号，根据 MII 接口中 rx_dv 信号的变化产生，判断 MAC 帧开始；

dv_eof信号，根据MII接口中rx_dv信号的变化产生，判断MAC帧结束；

sfd信号，根据MII接口中rx_dv信号和特定的输入数据产生；

nib_cnt_clr信号，是接收计数器的清零控制信号；

byte_dv信号，指示当前移位寄存器组中缓存了一个完整的字节，供各种处理电路使用。

（4）设计接收状态机，基于接收数据及伴随产生的各类控制信号，进行数据帧接收过程的控制。

（5）基于接收状态机、接收数据及伴随产生的各类控制信号，进行CRC-32校验运算。

（6）接收状态机在完成一个完整数据帧接收后，产生供后级电路使用的数据帧指针，其中包括数据帧长度，以及数据帧长度是否合法、CRC-32校验是否正确等状态信息。

在进行实际的电路设计时，硬件描述语言所描述的是数字系统中的各个电路单元，它们是真正全并行工作的，这与采用高级语言进行的软件编程是完全不同的。常规的软件程序中，所有语句按照程序流程依次执行，是串行执行的。硬件描述语言在很多情况下描述的是同时动作的电路，是真正全并行的，有时代码的编写顺序与最终的仿真结果是无关的。在采用硬件描述语言进行代码设计时，很多情况下需要进行时序控制和调整，通常的做法是先编写主要数据流程和控制流程，然后采用增加寄存器等方式进行时序调整，有时甚至需要"凑"出所需的时序关系。

还有一点需要注意，硬件代码由于具有全并行、各类信号之间可能存在复杂时序关系等特点，因此分析现有代码时并不容易直接看出其逻辑功能，建议从内部状态机跳转关系和仿真波形入手进行分析。

2.1.4.3　mac_r设计代码

下面是mac_r的代码及相应的注释说明。

```verilog
`timescale 1ns / 1ps
module mac_r(
input                rstn,
input                clk,
//MII 接口的接收信号
input                rx_clk,
input                rx_dv,
input        [3:0]   rx_d,
// 与后级电路的接口信号
input                data_fifo_rd,
output       [7:0]   data_fifo_dout,
input                ptr_fifo_rd,
output       [15:0]  ptr_fifo_dout,
output               ptr_fifo_empty
    );
parameter DELAY=2;
parameter CRC_RESULT_VALUE=32'hc704dd7b;
```

```verilog
//========================================================================
// 使用移位寄存器对 rx_d 和 rx_dv 进行寄存
//========================================================================
reg     [3:0]       rx_d_reg0;
reg     [3:0]       rx_d_reg1;
reg                 rx_dv_reg0;
reg                 rx_dv_reg1;
always @(posedge rx_clk or negedge rstn)
    if(!rstn)begin
        rx_d_reg0<=#DELAY 0;
        rx_d_reg1<=#DELAY 0;
        rx_dv_reg0<=#DELAY 0;
        rx_dv_reg1<=#DELAY 0;
        end
    else begin
        rx_d_reg0<=#DELAY rx_d;
        rx_d_reg1<=#DELAY rx_d_reg0;
        rx_dv_reg0<=#DELAY rx_dv;
        rx_dv_reg1<=#DELAY rx_dv_reg0;
        end
//========================================================================
// 产生内部控制信号
//========================================================================
wire    dv_sof;
wire    dv_eof;
wire    sfd;
assign  dv_sof=rx_dv_reg0 & !rx_dv_reg1;
assign  dv_eof=!rx_dv_reg0 & rx_dv_reg1;
assign  sfd=rx_dv_reg0 & (rx_d_reg0==4'b1101);

wire    nib_cnt_clr;
reg     [11:0]  nib_cnt;
always @(posedge rx_clk or negedge rstn)
    if(!rstn)nib_cnt<=#DELAY 0;
    else if(nib_cnt_clr) nib_cnt<=#DELAY 0;
    else nib_cnt<=#DELAY nib_cnt+1;

wire    byte_dv;
assign  byte_dv=nib_cnt[0];

wire    [7:0]       data_fifo_din;
wire                data_fifo_wr;
wire    [11:0]      data_fifo_depth;
reg     [15:0]      ptr_fifo_din;
reg                 ptr_fifo_wr;
wire                ptr_fifo_full;
reg                 fv;
```

```verilog
wire    [31:0]        crc_result;
wire                 bp;
assign bp=(data_fifo_depth>2578) | ptr_fifo_full; //2578=4096-1518
//==================================================================
// 主状态机
//==================================================================
reg    [2:0]         state;
always @(posedge rx_clk or negedge rstn)
    if(!rstn)begin
        state<=#DELAY 0;
        ptr_fifo_din<=#DELAY 0;
        ptr_fifo_wr<=#DELAY 0;
        fv<=#DELAY 0;
        end
    else begin
        case(state)
        0: begin
            if(dv_sof& !bp)begin
                if(!sfd) begin
                    state<=#DELAY 1;
                    end
                else begin
                    state<=#DELAY 2;
                    fv<=#2 1;
                    end
                end
            end
        1:begin
            if(rx_dv_reg0)begin
                if(sfd) begin
                    fv<=#2 1;
                    state<=#DELAY 2;
                    end
                end
            else state<=#DELAY 0;
            end
        2:begin
            if(dv_eof)begin
                fv<=#2 0;
                ptr_fifo_din[11:0]<=#DELAY {1'b0,nib_cnt[11:1]};
                if((nib_cnt[11:1]<64) | (nib_cnt[11:1]>1518))ptr_fifo_
                  din[14]<=#DELAY 1;
                else ptr_fifo_din[14]<=#DELAY 0;
                if(crc_result==CRC_RESULT_VALUE)ptr_fifo_din[15]<=#DELAY 1'b0;
                else ptr_fifo_din[15]<=#DELAY 1'b1;
                ptr_fifo_wr<=#DELAY 1;
                state<=#DELAY 3;
```

```
                    end
                end
            3:begin
                ptr_fifo_wr<=#DELAY 0;
                state<=#DELAY 0;
                end
            endcase
            end

assign nib_cnt_clr=(dv_sof&sfd) | ((state==1)&sfd);
assign data_fifo_din={rx_d_reg0[3:0],rx_d_reg1[3:0]};
assign data_fifo_wr=rx_dv_reg0 &nib_cnt[0] &fv;
//===================================================================
// 被调用的电路模块
//===================================================================
crc32_8023  u_crc32_8023(
    .clk(rx_clk),
    .reset(!rstn),
    .d(data_fifo_din),
    .load_init(dv_sof),
    .calc(data_fifo_wr),
    .d_valid(data_fifo_wr),
    .crc_reg(crc_result),
    .crc()
    );
afifo_w8_d4k  u_data_fifo (
    .rst(!rstn),                        // input rst
    .wr_clk(rx_clk),                    // input wr_clk
    .rd_clk(clk),                       // input rd_clk
    .din(data_fifo_din),                // input [7:0] din
    .wr_en(data_fifo_wr&fv),            // input wr_en
    .rd_en(data_fifo_rd),               // input rd_en
    .dout(data_fifo_dout),              // output [7:0]
    .full(),
    .empty(),
    .rd_data_count();
    .wr_data_count(data_fifo_depth)     // output [11:0] wr_data_count
    );
afifo_w16_d32  u_ptr_fifo (
    .rst(!rstn),                        // input rst
    .wr_clk(rx_clk),                    // input wr_clk
    .rd_clk(clk),                       // input rd_clk
    .din(ptr_fifo_din),                 // input [15:0] din
    .wr_en(ptr_fifo_wr),                // input wr_en
    .rd_en(ptr_fifo_rd),                // input rd_en
    .dout(ptr_fifo_dout),               // output [15:0] dout
    .full(ptr_fifo_full),               // output full
```

```
    .empty(ptr_fifo_empty)                    // output empty
    );
endmodule
```

2.1.5 mac_r电路仿真验证代码设计

根据接收电路的功能和具体特点，需要编写testbench对其进行仿真验证。对于功能较为复杂的testbench，编写时应该建立一个仿真项列表，列出需要进行的仿真功能，避免仿真缺项。

对于mac_r电路来说，需要进行的基本仿真项如表2-2所示。

表2-2 mac_r电路的基本仿真项列表

项编号	验证内容	验证方法及说明	验证结果
1	对帧开始符的正确识别	在testbench中，通过MII接口向mac_r发送MAC帧，MAC帧的前导码长度从0到7（字节）变化时，mac_r应该能够正确识别帧开始符	可以正确识别帧开始符
2	能够发现超短帧	在testbench中，通过MII接口向mac_r发送长度小于64字节的MAC帧，mac_r应该能够发现并给出长度错误指示信息	对长度小于64字节的数据帧，ptr_fifo_din[14]为1，表示存在长度错误
3	能够发现超长帧	在testbench中，通过MII接口向mac_r发送长度大于1518字节的MAC帧，mac_r应该能够发现并给出长度错误指示信息	对长度大于1518字节的数据帧，ptr_fifo_din[14]为1，表示存在长度错误
4	能够发现半字节错误	在testbench中，通过MII接口向mac_r发送长度在64~1518字节之间的MAC帧，在发送MAC帧数据部分的最后字节时，只发送半字节，模拟发生半字节错误，mac_r应该能够指出存在CRC校验错误	存在半字节错误时，必然会出现CRC校验错误，不再单独指出存在半字节错误，此时需将ptr_fifo_din[15]置为1，表示存在CRC校验错误
5	能够发现CRC校验错误	在testbench中，通过MII接口向mac_r发送长度在64~1518字节之间的MAC帧，在发送MAC帧的CRC-32校验值时，将正确的校验值取反后发出，此时mac_r应该能够指出存在CRC校验错误	存在CRC校验错误时，将ptr_fifo_din[15]置为1，否则将其置为0
6	能够将接收的MAC帧正确写入与后级电路的接口队列	在testbench中，将接收数据帧写入接口队列的数据FIFO中，将与之对应的指针写入接口队列的指针FIFO中，指针值应该能够正确反映MAC帧的状态和长度值	能正确接收MAC帧并写入与后级电路的接口队列

（1）testbench设计方案1的代码如下所示。

```
`timescale 1ns / 1ps
module mac_r_tb;
// 下面是输入被验证电路的信号
reg rstn;
reg clk;
reg rx_clk;
reg rx_dv;
reg [3:0] rx_d;
```

```
reg data_fifo_rd;
reg ptr_fifo_rd;
// 下面是被验证电路的输出信号
wire [7:0]  data_fifo_dout;
wire [15:0] ptr_fifo_dout;
wire ptr_fifo_empty;
// 产生接收 MII 接口时钟和电路的系统工作时钟
always #20     rx_clk=~rx_clk;      // 产生 25 MHz 的时钟
always #5      clk=!clk;            // 产生 100 MHz 的时钟
// 定义一块存储区，用于存储待发送的数据帧并对其进行初始化
reg [7:0]   mem_send    [2047:0];
integer     m;
initial begin
    m=0;
    for(m=0;m<2048;m=m+1) mem_send[m]=0;
    m=0;
    end


// 例化被测试的电路
mac_r   u_mac_r (
    .rstn(rstn),
    .clk(clk),
    .rx_clk(rx_clk),
    .rx_dv(rx_dv),
    .rx_d(rx_d),
    .data_fifo_rd(data_fifo_rd),
    .data_fifo_dout(data_fifo_dout),
    .ptr_fifo_rd(ptr_fifo_rd),
    .ptr_fifo_dout(ptr_fifo_dout),
    .ptr_fifo_empty(ptr_fifo_empty)
);
initial begin
    // 对所有寄存器类型的变量赋初值
    rstn=0;
    clk=0;
    rx_clk=0;
    rx_dv=0;
    rx_d=0;
    data_fifo_rd=0;
    ptr_fifo_rd=0;
    // 等待 100 ns，全局复位就结束了
    #100;
    rstn=1;
    // 添加测试激励
    #100;
    // 发送长度为 100 字节（不含 4 字节 CRC 校验值）、无 CRC 错误插入的测试帧
    send_mac_frame(100,48'hf0f1f2f3f4f5,48'he0e1e2e3e4e5,16'h0800,1'b0);
```

```verilog
        //2 个帧之间等待 22 个时钟周期，加上后面任务中的延迟，共 24 个时钟周期
        repeat(22)@(posedge rx_clk);
        // 发送长度为 100 字节（不含 4 字节 CRC 校验值）、有 CRC 错误插入的测试帧
        send_mac_frame(100,48'hf0f1f2f3f4f5,48'he0e1e2e3e4e5,16'h0800,1'b1);
        repeat(22)@(posedge rx_clk);
        // 发送长度为 59 字节（不含 4 字节 CRC 校验值）、有 CRC 错误插入的测试帧
        send_mac_frame(59,48'hf0f1f2f3f4f5,48'he0e1e2e3e4e5,16'h0800,1'b1);
        repeat(22)@(posedge rx_clk);
        // 发送长度为 1515 字节（不含 4 字节 CRC 校验值）、有 CRC 错误插入的测试帧
        send_mac_frame(1515,48'hf0f1f2f3f4f5,48'he0e1e2e3e4e5,16'h0800,1'b1);
    end
// 与 CRC-32 校验值生成有关的寄存器和信号
reg              load_init;
reg              calc_en;
reg              d_valid;
reg    [7:0]     crc_din;
wire   [7:0]     crc_out;
wire   [31:0]    crc_reg;
// 对与 CRC-32 校验值生成有关的寄存器赋初值
initial begin
    load_init=0;
    calc_en=0;
    crc_din=0;
    d_valid=0;
    end
// 测试帧生成任务
task send_mac_frame;
input   [10:0]  length;            // 测试帧长度，不含 4 字节的 CRC-32 校验值
input   [47:0]  da;                // 目的 MAC 地址
input   [47:0]  sa;                // 源 MAC 地址
input   [15:0]  len_type;          // 帧类型字段
input           crc_error_insert;  // 控制测试帧中是否插入错误的 CRC-32 校验值
integer         i;                 // 内部使用，作为循环控制变量
reg     [7:0]   mii_din;           // 内部使用，数据寄存器
reg     [31:0]  fcs;               // 内部使用，存储 CRC-32 校验值的寄存器
begin
    fcs=0;
    rx_d=0;
    rx_dv=0;
    repeat(1)@(posedge rx_clk);
    #2;
    load_init=1;
    repeat(1)@(posedge rx_clk);
    #2;
    load_init=0;
    // 产生前导码，读者可以修改前导码长度，对接收电路进行测试（此处未修改）
    rx_dv=1;
    rx_d=8'h5;
```

```
repeat(15)@(posedge rx_clk);
#2;
// 产生半字节的帧开始符, 读者可以修改该值, 看mac_r 能否正确处理 (此处未修改)
rx_d=8'hd;
repeat(1)@(posedge rx_clk);
#2;
// 发送数据帧
for(i=0;i<length;i=i+1)begin
    //emac head
    if      (i==0)  mii_din=da[47:40];
    else if (i==1)  mii_din=da[39:32];
    else if (i==2)  mii_din=da[31:24];
    else if (i==3)  mii_din=da[23:16];
    else if (i==4)  mii_din=da[15:8];
    else if (i==5)  mii_din=da[7:0];
    else if (i==6)  mii_din=sa[47:40];
    else if (i==7)  mii_din=sa[39:32];
    else if (i==8)  mii_din=sa[31:24];
    else if (i==9)  mii_din=sa[23:16];
    else if (i==10) mii_din=sa[15:8];
    else if (i==11) mii_din=sa[7:0];
    else if (i==12) mii_din=len_type[15:8];
    else if (i==13) mii_din=len_type[7:0];
    else mii_din={$random}%256;
    mem_send[i]=mii_din;
    // 开始发送数据
    rx_d=mii_din[3:0];
    calc_en=1;
    crc_din=mii_din[7:0];
    d_valid=1;
    repeat(1)@(posedge rx_clk);
    #2;
    rx_d=mii_din[7:4];
    calc_en=0;
    crc_din=mii_din[7:0];
    d_valid=0;
    repeat(1)@(posedge rx_clk);
    #2;
    end
// 发送数据帧的 CRC-32 校验值
d_valid=1;
if(!crc_error_insert) crc_din=crc_out[7:0];
else crc_din=~crc_out[7:0];
rx_d=crc_din[3:0];
repeat(1)@(posedge rx_clk);
#2;
d_valid=0;
rx_d=crc_din[7:4];
```

```
        repeat(1)@(posedge rx_clk);
        #2;
        d_valid=1;
        if(!crc_error_insert) crc_din=crc_out[7:0];
        else crc_din=~crc_out[7:0];
        rx_d=crc_din[3:0];
        repeat(1)@(posedge rx_clk);
        #2;
        d_valid=0;
        rx_d=crc_din[7:4];
        repeat(1)@(posedge rx_clk);
        #2;
        d_valid=1;
        if(!crc_error_insert) crc_din=crc_out[7:0];
        else crc_din=~crc_out[7:0];
        rx_d=crc_din[3:0];
        repeat(1)@(posedge rx_clk);
        #2;
        d_valid=0;
        rx_d=crc_din[7:4];
        repeat(1)@(posedge rx_clk);
        #2;
        d_valid=1;
        if(!crc_error_insert) crc_din=crc_out[7:0];
        else crc_din=~crc_out[7:0];
        rx_d=crc_din[3:0];
        repeat(1)@(posedge rx_clk);
        #2;
        d_valid=0;
        rx_d=crc_din[7:4];
        repeat(1)@(posedge rx_clk);
        #2;
        rx_dv=0;
    end
endtask
// 例化 crc32_8023 电路模块，产生校验值
crc32_8023  u_crc32_8023(
    .clk(rx_clk),
    .reset(!rstn),
    .d(crc_din[7:0]),
    .load_init(load_init),
    .calc(calc_en),
    .d_valid(d_valid),
    .crc_reg(crc_reg),
    .crc(crc_out)
    );
endmodule
```

（2）testbench设计方案2。在前面testbench的基础上，采用task进行CRC-32校验值生成。需要说明的是，使用task或function进行CRC校验运算时，采用和被测电路不同的方式计算校验值，有利于验证CRC-32运算的标准一致性，避免被测电路和testbench采用同一个电路计算校验值时，可能存在电路本身有错而无法被发现的情况。完整的代码如下所示。

```verilog
`timescale 1ns / 1ps
module mac_r_tb;
// 下面是输入被验证电路的信号
reg rstn;
reg clk;
reg rx_clk;
reg rx_dv;
reg [3:0] rx_d;
reg data_fifo_rd;
reg ptr_fifo_rd;
// 下面是被验证电路的输出信号
wire [7:0] data_fifo_dout;
wire [15:0] ptr_fifo_dout;
wire ptr_fifo_empty;
always #20    rx_clk=~rx_clk;
always #5     clk=!clk;
// 定义一块存储区，用于存储待发送的数据帧并对其进行初始化
reg [7:0]   mem_send    [2047:0];
integer     m;
initial begin
    m=0;
    for(m=0;m<2_000;m=m+1) mem_send[m]=0;
    m=0;
    end
// 例化被测试的电路
mac_r   u_mac_r (
    .rstn(rstn),
    .clk(clk),
    .rx_clk(rx_clk),
    .rx_dv(rx_dv),
    .rx_d(rx_d),
    .data_fifo_rd(data_fifo_rd),
    .data_fifo_dout(data_fifo_dout),
    .ptr_fifo_rd(ptr_fifo_rd),
    .ptr_fifo_dout(ptr_fifo_dout),
    .ptr_fifo_empty(ptr_fifo_empty)
);
initial begin
    // 对所有寄存器类型的变量赋初值
```

```
    rstn=0;
    clk=0;
    rx_clk=0;
    rx_dv=0;
    rx_d=0;
    data_fifo_rd=0;
    ptr_fifo_rd=0;
    // 等待 100 ns，全局复位就结束了
    #100;
    rstn=1;
    // 添加测试激励
    #100;
    // 发送长度为 100 字节（不含 4 字节 CRC 校验值）、未插入错误的 CRC 校验值的测试帧
    send_mac_frame(100,48'hf0f1f2f3f4f5,48'he0e1e2e3e4e5,16'h0800,1'b0);
    repeat(22)@(posedge rx_clk);
    // 发送长度为 100 字节（不含 4 字节 CRC 校验值）、插入错误的 CRC 校验值的测试帧
    send_mac_frame(100,48'hf0f1f2f3f4f5,48'he0e1e2e3e4e5,16'h0800,1'b1);
    repeat(22)@(posedge rx_clk);
    // 发送长度为 59 字节（不含 4 字节 CRC 校验值）、插入错误的 CRC 校验值的测试帧
    send_mac_frame(59,48'hf0f1f2f3f4f5,48'he0e1e2e3e4e5,16'h0800,1'b1);
    repeat(22)@(posedge rx_clk);
    // 发送长度为 1515 字节（不含 4 字节 CRC 校验值）、插入错误的 CRC 校验值的测试帧
    send_mac_frame(1515,48'hf0f1f2f3f4f5,48'he0e1e2e3e4e5,16'h0800,1'b1);
end
task send_mac_frame;
input   [10:0]  length;
input   [47:0]  da;
input   [47:0]  sa;
input   [15:0]  len_type;
input           crc_error_insert;
integer         i;
reg     [7:0]   mii_din;
reg     [31:0]  fcs;
begin
    fcs=0;
    rx_d=0;
    rx_dv=0;
    repeat(1)@(posedge rx_clk);
    #2;
    repeat(1)@(posedge rx_clk);
    #2;
    rx_dv=1;
    rx_d=8'h5;
    repeat(15)@(posedge rx_clk);
    #2;
    rx_d=8'hd;
    repeat(1)@(posedge rx_clk);
```

```
#2;
for(i=0;i<length;i=i+1)begin
    //emac head
    if       (i==0)  mii_din=da[47:40];
    else if (i==1)  mii_din=da[39:32];
    else if (i==2)  mii_din=da[31:24];
    else if (i==3)  mii_din=da[23:16];
    else if (i==4)  mii_din=da[15:8];
    else if (i==5)  mii_din=da[7:0];
    else if (i==6)  mii_din=sa[47:40];
    else if (i==7)  mii_din=sa[39:32];
    else if (i==8)  mii_din=sa[31:24];
    else if (i==9)  mii_din=sa[23:16];
    else if (i==10) mii_din=sa[15:8];
    else if (i==11) mii_din=sa[7:0];
    else if (i==12) mii_din=len_type[15:8];
    else if (i==13) mii_din=len_type[7:0];
    else mii_din={$random}%256;
    mem_send[i]=mii_din;
    calc_crc(mii_din,fcs);
    // 开始发送数据
    rx_d=mii_din[3:0];
    repeat(1)@(posedge rx_clk);
    #2;
    rx_d=mii_din[7:4];
    repeat(1)@(posedge rx_clk);
    #2;
    end
if(crc_error_insert)fcs=~fcs;
rx_d=fcs[3:0];
repeat(1)@(posedge rx_clk);
#2;
rx_d=fcs[7:4];
repeat(1)@(posedge rx_clk);
#2;
rx_d=fcs[11:8];
repeat(1)@(posedge rx_clk);
#2;
rx_d=fcs[15:12];
repeat(1)@(posedge rx_clk);
#2;
rx_d=fcs[19:16];
repeat(1)@(posedge rx_clk);
#2;
rx_d=fcs[23:20];
repeat(1)@(posedge rx_clk);
#2;
```

```
        rx_d=fcs[27:24];
        repeat(1)@(posedge rx_clk);
        #2;
        rx_d=fcs[31:28];
        repeat(1)@(posedge rx_clk);
        #2;
        rx_dv=0;
        repeat(1)@(posedge rx_clk);
        m=m+14;
        end
endtask
// 下面是进行 CRC-32 校验运算的 task，使用 for 循环语句计算 8 位的校验值
task calc_crc;
input   [7:0]   data;
inout   [31:0]  fcs;
reg     [31:0]  crc;
reg             crc_feedback;
integer         i;
begin
crc=~fcs;
        for (i=0; i< 8; i=i + 1)  begin
        crc_feedback=crc[0] ^ data[i];
        crc[0]      =crc[1];
        crc[1]      =crc[2];
        crc[2]      =crc[3];
        crc[3]      =crc[4];
        crc[4]      =crc[5];
        crc[5]      =crc[6]  ^ crc_feedback;
        crc[6]      =crc[7];
        crc[7]      =crc[8];
        crc[8]      =crc[9]  ^ crc_feedback;
        crc[9]      =crc[10] ^ crc_feedback;
        crc[10]     =crc[11];
        crc[11]     =crc[12];
        crc[12]     =crc[13];
        crc[13]     =crc[14];
        crc[14]     =crc[15];
        crc[15]     =crc[16] ^ crc_feedback;
        crc[16]     =crc[17];
        crc[17]     =crc[18];
        crc[18]     =crc[19];
        crc[19]     =crc[20] ^ crc_feedback;
        crc[20]     =crc[21] ^ crc_feedback;
        crc[21]     =crc[22] ^ crc_feedback;
        crc[22]     =crc[23];
        crc[23]     =crc[24] ^ crc_feedback;
        crc[24]     =crc[25] ^ crc_feedback;
```

```
        crc[25]      =crc[26];
        crc[26]      =crc[27] ^ crc_feedback;
        crc[27]      =crc[28] ^ crc_feedback;
        crc[28]      =crc[29];
        crc[29]      =crc[30] ^ crc_feedback;
        crc[30]      =crc[31] ^ crc_feedback;
        crc[31]      =          crc_feedback;
        end
    fcs=~crc;
    end
endtask
endmodule
```

图 2-24 给出了 mac_r 的仿真波形。从图中可以看出，方框①中是 mac_r 接收到第一个 MAC 帧的仿真波形，ptr_fifo_din 值为 16'h0068，其中 ptr_fifo_din[15] 为 0，表示未发现 CRC 校验错误；ptr_fifo_din[14] 为 0，表示未发现超短帧或超长帧错误；ptr_fifo_din[10:0] 为 11'h68，说明帧长度为 104 字节（包括长度为 100 字节的数据部分和长度为 4 字节的 CRC-32 校验值）。方框②中是 mac_r 接收到第二个 MAC 帧的仿真波形，ptr_fifo_din 值为 16'h8068，其中 ptr_fifo_din[15] 为 1，表示发现了 CRC 校验错误；ptr_fifo_din[14] 为 0，表示未发现超短帧或超长帧错误；ptr_fifo_din[10:0] 为 11'h68，说明帧长度为 104 字节。方框③中是 mac_r 接收到第三个 MAC 帧的仿真波形，ptr_fifo_din 值为 16'hc03f，其中 ptr_fifo_din[15] 为 1，表示发现了 CRC 校验错误；ptr_fifo_din[14] 为 1，表示发现了超短帧或超长帧错误；ptr_fifo_din[10:0] 为 11'h3f，说明帧长度为 63 字节，它小于 64 字节，是一个超短帧。

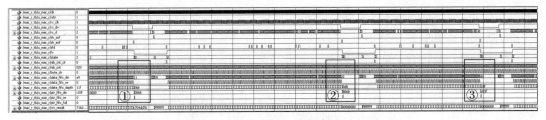

图 2-24　mac_r 测试电路仿真波形图

2.2　MAC 控制器发送部分的设计

2.2.1　MII 接口中与数据帧发送相关的信号

图 2-25 是 MII 接口发送部分的标准工作时序。前级电路通过发送接口队列与 mac_t 电路相连，接口队列由指针缓冲区和数据缓冲区组成。当前级电路有需要通过 MII 接口发送的数据帧时，其接口队列的指针缓冲区非空。发送电路首先从接口队列的指针缓冲区中读出当前发送指针，根据指针给出的待发送数据帧长度值，发送电路将数据依次从数据缓冲区中读出，并按照 MII 发送接口时序将数据帧发出。在发送 MAC 帧时，发送电路需要首

先发送前导码，然后发送帧开始符，接着发送用户数据帧（包括目的 MAC 地址、源 MAC 地址、帧类型字段、数据），最后发送电路计算生成的 CRC-32 校验值。由于所设计的发送 MAC 控制器电路用于以太网交换机，不考虑外部冲突问题，因此在发送过程中不会出现由于发送冲突而重发的问题。

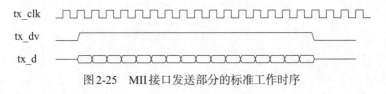

图 2-25　MII 接口发送部分的标准工作时序

2.2.2　mac_t 电路设计

mac_t 电路用于接收来自前级电路的待发送数据，组成完整的发送 MAC 帧，主要功能如下所述。

（1）检查发送接口队列的指针缓冲区是否为空。如果非空，则读出接口队列的队首指针，获取当前待发送数据帧的相关信息，主要是长度信息。

（2）发送电路首先根据规范发送以太网帧的前导码，然后发送帧开始符。

（3）此后发送电路开始将 MAC 帧从接口数据缓冲区中读出，并按照 MII 接口时序发送。发送 MAC 帧的过程中，mac_t 会同时计算 CRC-32 校验值。

（4）如果用户数据长度较短（小于 60 字节），那么发送电路需要在用户数据发送完成后继续发送填充数据，使长度达到 60 字节。

（5）发送电路最后发送 CRC-32 校验值。

（6）CRC-32 校验值发送完成后，需要根据规范插入帧间隔等待时间，供收方对数据帧进行处理。此处需要等待 24 个时钟周期。

发送电路在具体设计时需要注意以下几点。

（1）发送电路的工作时钟来自发送 MII 接口的 tx_clk，它不是系统工作时钟。

（2）发送 MII 接口的数据位宽为 4 位，而接口数据缓冲区的位宽为 8 位，此时需要进行数据位宽的变换。

（3）发送电路具体设计时，可以以发送数据帧的生成为主线，设计主控制状态机。可以对发送主状态机的功能采用自然语言进行如下描述。

- 在空闲状态下，查看发送队列的指针缓冲区是否为空，如果为空则等待，否则读出队首的指针，然后进入前导码发送状态。
- 在前导码发送状态下，在发送计数器的控制下，根据规范发送特定数量的前导码，发送完成后发送帧开始符，然后进入用户数据帧发送状态。
- 在用户数据帧发送状态下，根据待发送数据帧长度，依次将数据帧读出，并按照 MII 发送接口时序发送数据。用户数据帧发送完成后，如果已发送数据长度小于 60 字节，则进行数据填充。此后，状态机进入 CRC-32 校验值发送状态。
- 在 CRC-32 校验值发送状态下，发送校验值。此后进入帧间等待状态。

- 在帧间等待状态下，在计数器的控制下，等待规范要求的时钟周期数，然后回到空闲状态。

需要说明的是，采用自然语言描述发送电路的设计思路是一种有效的设计方法，可使设计者逐渐勾勒出发送电路的实现方法，为代码设计打下基础。

另外，需要说明的是，mac_t 代码本身的逻辑功能是比较复杂的，为了有利于电路模块化，便于梳理清晰的设计思路，在设计中将整个电路划分为两个部分，中间采用一个简单的内部队列（包括数据缓冲区和指针缓冲区）隔离。第一部分电路用于生成完整的 MAC 帧，包括插入前导码、帧开始符、填充数据（当数据帧长度小于 60 字节时）、进行 CRC-32 校验运算并将其插到帧尾，此时的位宽保持为 8 位。第二部分电路在内部队列之后，主要功能是将 8 位的数据转换为 4 位，按照 MII 接口规范输出，此后插入固定的帧间等待时间。这种设计方式会消耗一些存储资源，但有利于提高设计的模块化水平，便于调试。

根据以上对电路功能的描述，可以设计出 mac_t.v 的代码，如下所示。

```verilog
`timescale 1ns / 1ps
module mac_t(
input                    rstn,
input                    clk,
input                    tx_clk,
output  reg              tx_dv,
output  reg  [3:0]       tx_d,
output  reg              data_fifo_rd,
input        [7:0]       data_fifo_din,
output  reg              ptr_fifo_rd,
input        [15:0]      ptr_fifo_din,
input                    ptr_fifo_empty
);
parameter       DELAY=2;
reg     [10:0]  cnt;
reg     [10:0]  pad_cnt;
reg             crc_init;
wire    [7:0]   crc_din;
reg             crc_cal;
reg             crc_dv;
wire    [31:0]  crc_result;
wire    [7:0]   crc_dout;
// 以下为内部队列的相关信号
reg [7:0]       data_fifo_din_1;
reg             data_fifo_wr_1;
reg             data_fifo_rd_1;
wire[7:0]       data_fifo_dout_1;
wire[11:0]      data_fifo_depth_1;
reg [15:0]      ptr_fifo_din_1;
reg             ptr_fifo_wr_1;
```

```verilog
reg                ptr_fifo_rd_1;
wire[15:0]         ptr_fifo_dout_1;
wire               ptr_fifo_full_1;
wire               ptr_fifo_empty_1;
//bp_1为内部反压信号, 当内部队列无法容纳一个完整的最大MAC帧时, 停止向该队列发送数据帧
wire               bp_1;
assign             bp_1=ptr_fifo_full_1 | (data_fifo_depth_1>2570);
// 说明: 2570=4096-1518-8, 这里8为以太网帧的前导码和帧开始符总长度

reg [2:0]   state;
always @(posedge clk or negedge rstn)
    if(!rstn)begin
        state              <=#DELAY 0;
        ptr_fifo_rd        <=#DELAY 0;
        data_fifo_rd       <=#DELAY 0;
        cnt                <=#DELAY 0;
        pad_cnt            <=#DELAY 0;
        crc_init           <=#DELAY 0;
        crc_cal            <=#DELAY 0;
        crc_dv             <=#DELAY 0;
        data_fifo_din_1    <=#DELAY 0;
        data_fifo_wr_1     <=#DELAY 0;
        ptr_fifo_din_1     <=#DELAY 0;
        ptr_fifo_wr_1      <=#DELAY 0;
        end
    else begin
        crc_init           <=#DELAY 0;
        ptr_fifo_rd        <=#DELAY 0;
        case(state)
        // 空闲状态
        0:begin
            ptr_fifo_wr_1       <=#DELAY 0;
            data_fifo_wr_1      <=#DELAY 0;
            if(!ptr_fifo_empty& !bp_1) begin
                ptr_fifo_rd     <=#DELAY 1;
                crc_init        <=#DELAY 1;
                data_fifo_wr_1  <=#DELAY 1;
                data_fifo_din_1 <=#DELAY 8'h55;
                cnt             <=#DELAY 7;
                state           <=#DELAY 1;
                end
            end
        // 插入前导码和帧开始符
        1:begin
            if(cnt>1) cnt       <=#DELAY cnt-1;
            else begin
                data_fifo_din_1 <=#DELAY 8'hd5;
```

```
        data_fifo_rd          <=#DELAY 1;
        // 在写入帧开始符后，将 cnt 更新为待发送数据帧长度
        cnt                   <=#DELAY ptr_fifo_din[10:0];
        state                 <=#DELAY 2;
        end
    end
// 过渡状态，等待从接口队列的 data_fifo 中读出数据帧第一个字节
2:begin
    cnt                   <=#DELAY cnt-1;
    if(cnt<60) pad_cnt    <=#DELAY 60-cnt;
    else pad_cnt          <=#DELAY 0;
    data_fifo_wr_1        <=#DELAY 0;
    state                 <=#DELAY 3;
    end
// 将待发送数据帧持续从接口队列中读出并写入中间队列
3:begin
    data_fifo_wr_1        <=#DELAY 1;
    data_fifo_din_1       <=#DELAY data_fifo_din;
    crc_cal               <=#DELAY 1;
    crc_dv                <=#DELAY 1;
    if(cnt>1) cnt         <=#DELAY cnt-1;
    else begin
        data_fifo_rd      <=#DELAY 0;
        cnt               <=#DELAY 0;
        state             <=#DELAY 4;
        end
    end
// 将数据帧的最后一个数据写入
4:begin
    data_fifo_wr_1        <=#DELAY 1;
    data_fifo_din_1       <=#DELAY data_fifo_din;
    state                 <=#DELAY 5;
    end
// 如果 pad_cnt 大于 0，则进行数据填充
5:begin
    if(pad_cnt) begin
        cnt               <=#DELAY pad_cnt;
        data_fifo_wr_1    <=#DELAY 1;
        data_fifo_din_1   <=#DELAY 8'b0;
        state             <=#DELAY 6;
        end
    else begin
        data_fifo_wr_1    <=#DELAY 0;
        crc_cal           <=#DELAY 0;
        cnt               <=#DELAY 4;
        state             <=#DELAY 7;
        end
```

```
                    end
        // 在状态 6 下持续进行数据填充, 填充结束后进入状态 7, 插入 CRC-32 校验值
        6:begin
            if(cnt>1) cnt<=#DELAY cnt-1;
            else begin
                data_fifo_wr_1          <=#DELAY 0;
                crc_cal                 <=#DELAY 0;
                cnt                     <=#DELAY 4;
                state                   <=#DELAY 7;
                end
            end
        // 插入 CRC-32 校验值
        7:begin
            data_fifo_wr_1              <=#DELAY 1;
            data_fifo_din_1             <=#DELAY crc_dout;
            if(cnt==1)   crc_dv         <=#DELAY 0;
            if(cnt>0)    cnt            <=#DELAY cnt-1;
            else begin
                data_fifo_wr_1          <=#DELAY 0;
                ptr_fifo_din_1          <=#DELAY ptr_fifo_din+12+pad_cnt;
                ptr_fifo_wr_1           <=#DELAY 1;
                state                   <=#DELAY 0;
                end
            end
        endcase
        end
crc32_8023  u_crc32_8023(
    .clk(clk),
    .reset(!rstn),
    .d(crc_din),
    .load_init(crc_init),
    .calc(crc_cal),
    .d_valid(crc_dv),
    .crc_reg(crc_result),
    .crc(crc_dout)
    );
assign  crc_din=data_fifo_din_1;
afifo_w8_d4k  u_data_fifo_1 (
    .rst(!rstn),                    // input rst
    .wr_clk(clk),                   // input wr_clk
    .rd_clk(tx_clk),                // input rd_clk
    .din(data_fifo_din_1),          // input [7:0] din
    .wr_en(data_fifo_wr_1),         // input wr_en
    .rd_en(data_fifo_rd_1),         // input rd_en
    .dout(data_fifo_dout_1),        // output [7:0] dout
    .full(),                        // output full
    .empty(),                       // output empty
```

```
    .rd_data_count(),                    // output [11:0] rd_data_count
    .wr_data_count(data_fifo_depth_1)    // output [11:0] wr_data_count
    );
afifo_w16_d32  u_ptr_fifo_1 (
    .rst(!rstn),                         // input rst
    .wr_clk(clk),                        // input wr_clk
    .rd_clk(tx_clk),                     // input rd_clk
    .din(ptr_fifo_din_1),                // input [15:0] din
    .wr_en(ptr_fifo_wr_1),               // input wr_en
    .rd_en(ptr_fifo_rd_1),               // input rd_en
    .dout(ptr_fifo_dout_1),              // output [15:0] dout
    .full(ptr_fifo_full_1),              // output full
    .empty(ptr_fifo_empty_1)             // output empty
    );
// 状态机 state_t 用于将已经组装成功的 MAC 帧读出，按照 MII 接口规范发出
reg      [10:0]        cnt_t;
reg      [2:0]         state_t;
reg                   data_fifo_rd_1_reg_0;
reg                   data_fifo_rd_1_reg_1;
reg                   tx_sof;
always @(posedge tx_clk or negedge rstn)
    if(!rstn) begin
        state_t                <=#DELAY 0;
        cnt_t                  <=#DELAY 0;
        data_fifo_rd_1         <=#DELAY 0;
        ptr_fifo_rd_1          <=#DELAY 0;
        data_fifo_rd_1_reg_0   <=#DELAY 0;
        data_fifo_rd_1_reg_1   <=#DELAY 0;
        tx_sof                 <=#DELAY 0;
        end
    else begin
        ptr_fifo_rd_1<=#DELAY 0;
        data_fifo_rd_1_reg_0   <=#DELAY data_fifo_rd_1;
        data_fifo_rd_1_reg_1   <=#DELAY data_fifo_rd_1_reg_0;
        tx_sof                 <=#DELAY 0;
        case(state_t)
        // 空闲状态，若内部队列指针 FIFO 非空，则读出指针
        0:begin
            if(!ptr_fifo_empty_1) begin
                ptr_fifo_rd_1          <=#DELAY 1;
                state_t                <=#DELAY 1;
                end
            end
        // 等待 1 个时钟周期
        1:state_t                <=#DELAY 2;
        // 开始读出数据
        2:begin
```

```verilog
                cnt_t<=#DELAY ptr_fifo_dout_1[10:0];
                data_fifo_rd_1          <=#DELAY 1;
                tx_sof                  <=#DELAY 1;
                state_t                 <=#DELAY 3;
                end
        // 由于读出 1 字节后，需要 2 个时钟周期发送，因此等待 1 个时钟周期
            3:begin
                data_fifo_rd_1          <=#DELAY 0;
                state_t                 <=#DELAY 4;
                end
        // 持续读出数据帧
            4:begin
                if(cnt_t>1) begin
                    data_fifo_rd_1      <=#DELAY 1;
                    cnt_t               <=#DELAY cnt_t-1;
                    state_t             <=#DELAY 3;
                    end
                else begin
                    data_fifo_rd_1      <=#DELAY 0;
                    // 完成数据帧发送后，需要在 2 个帧之间插入帧间等待时间：24 个时钟周期
                    cnt_t               <=#DELAY 24;
                    state_t             <=#DELAY 5;
                    end
                end
        // 进行帧间等待，结束后返回空闲状态
            5:begin
                if(cnt_t>0) cnt_t       <=#DELAY cnt_t-1;
                else begin
                    cnt_t               <=#DELAY 0;
                    state_t             <=#DELAY 0;
                    end
                end
        endcase
        end
wire    tx_dv_i;
assign  tx_dv_i=data_fifo_rd_1_reg_0 |  data_fifo_rd_1_reg_1;
// 下面的状态机按照 MII 接口规范发送数据帧
reg     [1:0]   state_tx;
always @ (posedge tx_clk or negedge rstn)
    if(!rstn) begin
        state_tx                    <=#DELAY 0;
        tx_dv                       <=#DELAY 0;
        tx_d                        <=#DELAY 0;
        end
    else begin
        tx_dv                       <=#DELAY tx_dv_i;
        case(state_tx)
```

```
            0:begin
                if(tx_sof)state_tx  <=#DELAY 1;
                end
            1:begin
                if(data_fifo_rd_1_reg_0)          tx_d<=#DELAY data_fifo_dout_1[3:0];
                else if(data_fifo_rd_1_reg_1)     tx_d<=#DELAY data_fifo_dout_1[7:4];
                else begin
                    tx_d<=#DELAY 0;
                    state_tx<=#DELAY 0;
                    end
                end
            endcase
            end
    endmodule
```

完成发送电路设计后，需要对其进行仿真验证。具体包括以下几个方面。

（1）验证 MII 接口时序是否正确。

（2）分析正常数据帧发送工作波形，检查前导码、帧开始符、用户数据和 CRC-32 校验值的发送过程是否正确。分析帧间隔等待时间插入操作是否正确。

（3）分析长度小于 60 字节（不含 CRC-32 校验值）的数据帧发送是否正确。

下面是 mac_t_tb.v 的代码。

```
`timescale 1ns / 1ps
module mac_t_tb;
// Inputs
reg rstn;
reg clk;
reg tx_clk;
// Outputs
wire tx_dv;
wire [3:0] tx_d;
always #5 clk=~clk;
always #20 tx_clk=~tx_clk;
// Instantiate the Unit Under Test (UUT)
reg     [7:0]       data_fifo_din;
reg                 data_fifo_wr;
wire                data_fifo_rd;
wire    [7:0]       data_fifo_dout;
wire    [11:0]      data_fifo_depth;

reg     [15:0]      ptr_fifo_din;
reg                 ptr_fifo_wr;
wire                ptr_fifo_rd;
wire    [15:0]      ptr_fifo_dout;
wire                ptr_fifo_full;
```

```verilog
    wire                    ptr_fifo_empty;

mac_t   u_mac_t_pad (
    .rstn(rstn),
    .clk(clk),
    .tx_clk(tx_clk),
    .tx_dv(tx_dv),
    .tx_d(tx_d),
    .data_fifo_rd(data_fifo_rd),
    .data_fifo_din(data_fifo_dout),
    .ptr_fifo_rd(ptr_fifo_rd),
    .ptr_fifo_din(ptr_fifo_dout),
    .ptr_fifo_empty(ptr_fifo_empty)
);


initial begin
    // Initialize Inputs
    rstn=0;
    clk=0;
    tx_clk=0;
    data_fifo_din=0;
    data_fifo_wr=0;
    ptr_fifo_din=0;
    ptr_fifo_wr=0;
    // Wait 100 ns for global reset to finish
    #100;
    rstn=1;
    // Add stimulus here
    #1000;
    send_frame(100);
    send_frame(58);
    send_frame(60);
    send_frame(1514);
    end

task send_frame;
input   [10:0]  len;
integer         i;
begin
    $display ("start to send frame");
    repeat(1)@(posedge clk);
    #2;
    while(ptr_fifo_full | (data_fifo_depth>2578)) repeat(1)@(posedge clk);
    #2;
    for(i=0;i<len;i=i+1)begin
        data_fifo_wr=1;
        data_fifo_din=($random)%256;
```

```
            repeat(1)@(posedge clk);
            #2;
            end
        data_fifo_wr=0;
        ptr_fifo_din={5'b0,len[10:0]};
        ptr_fifo_wr=1;
        repeat(1)@(posedge clk);
        #2;
        ptr_fifo_wr=0;
        $display ("end to send frame");
        end
    endtask

    sfifo_w8_d4k  u_data_fifo (
        .clk(clk),                      // input clk
        .rst(!rstn),                    // input rst
        .din(data_fifo_din),            // input [7:0] din
        .wr_en(data_fifo_wr),           // input wr_en
        .rd_en(data_fifo_rd),           // input rd_en
        .dout(data_fifo_dout),          // output [7:0] dout
        .full(),                        // output full
        .empty(),                       // output empty
        .data_count(data_fifo_depth)    // output [11:0] data_count
        );

    sfifo_w16_d32  u_ptr_fifo (
        .clk(clk),                      // input clk
        .rst(!rstn),                    // input rst
        .din(ptr_fifo_din),             // input [15:0] din
        .wr_en(ptr_fifo_wr),            // input wr_en
        .rd_en(ptr_fifo_rd),            // input rd_en
        .dout(ptr_fifo_dout),           // output [15:0] dout
        .full(ptr_fifo_full),           // output full
        .empty(ptr_fifo_empty),         // output empty
        .data_count()                   // output [4:0] data_count
        );
    endmodule
```

这里不再给出 mac_t 的仿真波形，请读者自行分析。

2.3　MAC 控制器联合仿真测试

完成 mac_r 和 mac_t 的设计后，可以编写测试电路对二者进行联合仿真验证，以进一步确定这两个关键电路的功能是否正确。这也是实现大的设计时经常采用的方法。同时，测试电路可以在 FPGA 上实现，既可以实际验证设计的正确性，也可以熟悉 FPGA 开发流程。

为了同时对mac_r和mac_t进行测试，此处编写了名为mac_loopback的数据帧环回模块，它的基本功能是从位于mac_r内部的接口队列中读出数据帧，然后去掉它的CRC-32校验值，写入位于mac_loopback内部的接收队列，由mac_t将其读出并处理后再发出。

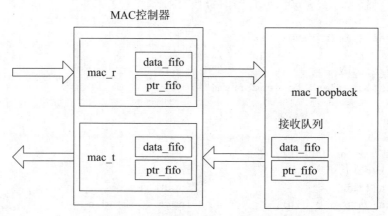

图2-26　mac_r和mac_t及交换单元

2.3.1　数据帧环回模块

下面需要编写数据帧环回模块mac_loopback。具体操作时，它首先判断mac_r内部接口队列的指针FIFO是否为空，如果非空，并且位于mac_loopback内部的接收队列（同时也是与mac_t的接口队列）无反压，它就会从mac_r内部接口队列的指针FIFO中读出一个指针，然后根据指针中的数据帧状态信息（包括是否有CRC校验错误、是否有数据帧长度错误，以及数据帧的长度值）将数据帧读出并写入mac_loopback内部的接收队列。在写入时，如果从mac_r中读出的数据帧存在错误，则mac_loopback将数据帧读出后不写入内部的接收队列；如果数据帧没有差错，则将数据帧的数据部分写入mac_loopback中接收队列的数据FIFO，数据帧的CRC-32校验值将被丢弃，这是因为mac_t会重新计算CRC-32校验值，因此mac_loopback写入内部接收队列指针FIFO的数据帧长度值需要减4（字节）。

mac_loopback.v的代码如下。

```
`timescale 1ns / 1ps
module mac_loopback(
input           clk,
input           rstn,
//module mac_loopback和mac_r的接口
output  reg     rx_data_fifo_rd,
input   [7:0]   rx_data_fifo_din,
output  reg     rx_ptr_fifo_rd,
input   [15:0]  rx_ptr_fifo_din,
input           rx_ptr_fifo_empty,
//module mac_loopback和mac_t的接口
input           tx_data_fifo_rd,
```

```verilog
output      [7:0]   tx_data_fifo_dout,
input              tx_ptr_fifo_rd,
output      [15:0] tx_ptr_fifo_dout,
output             tx_ptr_fifo_empty
);
parameter   DELAY=2;

reg                data_fifo_wr;
reg         [15:0] ptr_fifo_din;
reg                ptr_fifo_wr;
wire               ptr_fifo_full;
wire        [11:0] data_fifo_depth;
wire               bp;
reg         [10:0] cnt;
reg                frame_valid;
reg                crc_dv;

//mac_loopback 内部发送队列产生的反压信号
assign bp=ptr_fifo_full | (data_fifo_depth>2560);
reg     [2:0]   state;
always @(posedge clk or negedge rstn)
    if(!rstn)begin
        rx_data_fifo_rd  <=#DELAY 0;
        rx_ptr_fifo_rd   <=#DELAY 0;
        data_fifo_wr     <=#DELAY 0;
        ptr_fifo_din     <=#DELAY 0;
        ptr_fifo_wr      <=#DELAY 0;
        cnt              <=#DELAY 0;
        frame_valid      <=#DELAY 0;
        crc_dv           <=#DELAY 0;
        state            <=#DELAY 0;
        end
    else begin
        // 对 mac_loopback 内部接收队列指针 FIFO 的写信号赋初始值
        ptr_fifo_wr      <=#DELAY 0;
        // 对 mac_loopback 内部接收队列数据 FIFO 的写信号赋值
        data_fifo_wr     <=#DELAY rx_data_fifo_rd&frame_valid& !crc_dv;
        case(state)
        // 空闲状态。当 mac_r 内部接口队列指针 FIFO 非空, mac_loopback 内部接收队列无
        // 反压时, 进入状态 1
        0:begin
            frame_valid          <=#DELAY 0;
            crc_dv               <=#DELAY 0;
            if(!rx_ptr_fifo_empty& !bp)begin
                rx_ptr_fifo_rd   <=#DELAY 1;
                state            <=#DELAY 1;
                end
```

```
                    end
        // 等待 1 个时钟周期, 等待从 FIFO 中读出指针
        1:begin
            rx_ptr_fifo_rd        <=#DELAY 0;
            state                 <=#DELAY 2;
            end
        // 如果所读出指针中的状态信息显示当前数据帧无任何差错, 则 frame_valid 为 1,
        // 否则 frame_valid 为 0。frame_valid 为 0 时, 从 mac_r 中读出的数据帧不会
        // 写入 mac_loopback 内部的接收队列
        2:begin
            cnt                   <=#DELAY rx_ptr_fifo_din[10:0];
            if(rx_ptr_fifo_din[15:14]==2'b00) frame_valid<=#DELAY 1;
            else frame_valid      <=#DELAY 0;
            rx_data_fifo_rd       <=#DELAY 1;
            state                 <=#DELAY 3;
            end
        // 需要生成与之对应的指针。由于当前数据帧的 CRC-32 校验值被丢弃, 因此写入
        // mac_loopback 内部接收队列指针 FIFO 的指针值需要减 4
        3:begin
            if(cnt>1) cnt         <=#DELAY cnt-1;
            else begin
                rx_data_fifo_rd   <=#DELAY 0;
                ptr_fifo_din      <=#DELAY rx_ptr_fifo_din[10:0]-4;
                // frame_valid 为 1 时, ptr_fifo_wr 为 1, 指针才能写入, 否则不会写入
                ptr_fifo_wr       <=#DELAY frame_valid;
                state<=#2 0;
                end
            // 长度计数值小于或等于 5 时, crc_dv 置 1,
            // 表示后续数据为 CRC-32 校验值, 无须写入 mac_loopback 内部的接收队列
            if(cnt<=5) crc_dv     <=#DELAY 1;
            end
        endcase
        end

sfifo_w8_d4k  u_data_fifo (
    .clk(clk),                     // input clk
    .rst(!rstn),                   // input rst
    .din(rx_data_fifo_din),        // input [7:0] din
    .wr_en(data_fifo_wr),          // input wr_en
    .rd_en(tx_data_fifo_rd),       // input rd_en
    .dout(tx_data_fifo_dout),      // output [7:0] dout
    .full(),                       // output full
    .empty(),                      // output empty
    .data_count(data_fifo_depth) // output [11:0] data_count
    );


sfifo_w16_d32  u_ptr_fifo (
```

```
    .clk(clk),              // input clk
    .rst(!rstn),            // input rst
    .din(ptr_fifo_din),     // input [15:0] din
    .wr_en(ptr_fifo_wr),    // input wr_en
    .rd_en(tx_ptr_fifo_rd), // input rd_en
    .dout(tx_ptr_fifo_dout),// output [15:0] dout
    .full(ptr_fifo_full),   // output full
    .empty(tx_ptr_fifo_empty), // output empty
    .data_count()           // output [4:0] data_count
    );
endmodule
```

2.3.2　环回测试电路的顶层设计文件

在编写好 mac_loopback 模块后，可以参考图 2-26 编写环回测试电路的顶层设计文件 mac_top_test，它的基本功能是调用 mac_r、mac_t 和 mac_loopback，将三者正确连接，对整个 MAC 控制器进行测试与仿真，验证设计的 MAC 控制器电路是否符合要求，即 MAC 控制器能否正确接收与发送数据帧。如果有基于 FPGA 的开发板，则还可以进行实际上板测试。在设计规模较大的电路时，对已经完成的电路模块进行实际测试验证非常重要。

```
`timescale 1ns / 1ps
module mac_top_test(
input               rstn,
input               clk,
input               rx_clk,
input               rx_dv,
input       [3:0]   rx_d,
input               tx_clk,
output              tx_dv,
output      [3:0]   tx_d
);
// mac_loopback 与 mac_r 接收队列的接口信号
wire                rx_data_fifo_rd;
wire        [7:0]   rx_data_fifo_din;
wire                rx_ptr_fifo_rd;
wire        [15:0]  rx_ptr_fifo_din;
wire                rx_ptr_fifo_empty;
// mac_loopback 中的接收队列和 mac_t 的接口信号
wire                tx_data_fifo_rd;
wire        [7:0]   tx_data_fifo_dout;
wire                tx_ptr_fifo_rd;
wire        [15:0]  tx_ptr_fifo_dout;
wire                tx_ptr_fifo_empty;
mac_r   u_mac_r (
    .rstn           (rstn),
```

```verilog
    .clk            (clk),
    .rx_clk         (rx_clk),
    .rx_dv          (rx_dv),
    .rx_d           (rx_d),
    .data_fifo_rd   (rx_data_fifo_rd),
    .data_fifo_dout (rx_data_fifo_din),
    .ptr_fifo_rd    (rx_ptr_fifo_rd),
    .ptr_fifo_dout  (rx_ptr_fifo_din),
    .ptr_fifo_empty (rx_ptr_fifo_empty)
);
mac_loopback  u_mac_loopback (
    .clk(clk),
    .rstn(rstn),
    .rx_data_fifo_rd    (rx_data_fifo_rd),
    .rx_data_fifo_din   (rx_data_fifo_din),
    .rx_ptr_fifo_rd     (rx_ptr_fifo_rd),
    .rx_ptr_fifo_din    (rx_ptr_fifo_din),
    .rx_ptr_fifo_empty  (rx_ptr_fifo_empty),
    .tx_data_fifo_rd    (tx_data_fifo_rd),
    .tx_data_fifo_dout  (tx_data_fifo_dout),
    .tx_ptr_fifo_rd     (tx_ptr_fifo_rd),
    .tx_ptr_fifo_dout   (tx_ptr_fifo_dout),
    .tx_ptr_fifo_empty  (tx_ptr_fifo_empty)
);
mac_t   u_mac_t (
    .rstn(rstn),
    .clk(clk),
    .tx_clk(tx_clk),
    .tx_dv(tx_dv),
    .tx_d(tx_d),
    .data_fifo_rd   (tx_data_fifo_rd),
    .data_fifo_din  (tx_data_fifo_dout),
    .ptr_fifo_rd    (tx_ptr_fifo_rd),
    .ptr_fifo_din   (tx_ptr_fifo_dout),
    .ptr_fifo_empty (tx_ptr_fifo_empty)
);
endmodule
```

下面是顶层设计文件的 testbench。

```verilog
`timescale 1ns / 1ps
module mac_top_test_tb;
// Inputs
reg rstn;
reg clk;
reg rx_clk;
reg rx_dv;
```

```
reg [3:0] rx_d;
reg tx_clk;
// Outputs
wire tx_dv;
wire [3:0] tx_d;
// 生成测试时钟
always #20 rx_clk=~rx_clk;
always #21 tx_clk=~tx_clk;
always #5  clk=~clk;
// 定义一块存储器，用于存储待发送数据帧
reg [7:0]  mem_send    [2047:0];
integer m;
initial begin
    m=0;
    for(m=0;m<2_000;m=m+1) mem_send[m]=0;
    m=0;
    end
// Instantiate the Unit Under Test (UUT)
mac_top_test  uut (
    .rstn(rstn),
    .clk(clk),
    .rx_clk(rx_clk),
    .rx_dv(rx_dv),
    .rx_d(rx_d),
    .tx_clk(tx_clk),
    .tx_dv(tx_dv),
    .tx_d(tx_d)
);
initial begin
    // Initialize Inputs
    rstn=0;
    clk=0;
    rx_clk=0;
    rx_dv=0;
    rx_d=0;
    tx_clk=0;
    // Wait 100 ns for global reset to finish
    #100;
    rstn=1;
    // Add stimulus here
    #100;
    send_mac_frame(100,48'hf0f1f2f3f4f5,48'he0e1e2e3e4e5,16'h0800,1'b0);
end
reg        load_init;
reg        calc_en;
reg        d_valid;
reg [7:0]  crc_din;
```

```
wire [7:0]  crc_out;
wire [31:0] crc_reg;
initial begin
    load_init=0;
    calc_en=0;
    crc_din=0;
    d_valid=0;
    end
// 以下应为 task send_mac_frame，与 mac_r_tb 中的 task 部分相同，此处不再列出
endmodule
```

图 2-27 是环回测试电路的联合仿真波形图。考虑到前面针对 mac_r 和 mac_t 已经进行了一定的测试，这里没有给出过多的仿真验证项目。从图 2-27 可以看出，数据帧从 MII 接口接收后，经过内部处理，又通过 MII 接口发送出去。

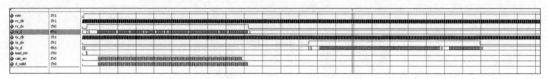

图 2-27　环回测试电路的联合仿真波形图

在后续的调试中，会把 mac_r 和 mac_t 共同组成 mac_top，以便于进行模块化调用，下面是 mac_top 的代码。

```
`timescale 1ns / 1ps
module mac_top(
input           clk,
input           rstn,
input   [3:0]   MII_RXD,
input           MII_RX_DV,
input           MII_RX_CLK,
input           MII_RX_ER,   //MII 规范中定义了此端口。对于本设计，在内部电路中未使用
output  [3:0]   MII_TXD,
output          MII_TX_EN,
input           MII_TX_CLK,
output          MII_TX_ER,   //MII 规范中定义了此端口。将其固定置零，表示本电路内
                            // 部不会产生发送错误，以此简化设计
output          tx_data_fifo_rd,
input   [7:0]   tx_data_fifo_dout,
output          tx_ptr_fifo_rd,
input   [15:0]  tx_ptr_fifo_dout,
input           tx_ptr_fifo_empty,
input           rx_data_fifo_rd,
output  [7:0]   rx_data_fifo_dout,
input           rx_ptr_fifo_rd,
output  [15:0]  rx_ptr_fifo_dout,
```

```
output            rx_ptr_fifo_empty
);
mac_r  u_mac_r(
    .clk(clk),
    .rstn(rstn),
    .rx_clk(MII_RX_CLK),
    .rx_d(MII_RXD),
    .rx_dv(MII_RX_DV),
    .data_fifo_rd(rx_data_fifo_rd),
    .data_fifo_dout(rx_data_fifo_dout),
    .ptr_fifo_rd(rx_ptr_fifo_rd),
    .ptr_fifo_dout(rx_ptr_fifo_dout),
    .ptr_fifo_empty(rx_ptr_fifo_empty)
    );
mac_t  u_mac_t(
    .clk(clk),
    .rstn(rstn),
    .tx_clk(MII_TX_CLK),
    .tx_d(MII_TXD),
    .tx_dv(MII_TX_EN),
    .data_fifo_rd(tx_data_fifo_rd),
    .data_fifo_din(tx_data_fifo_dout),
    .ptr_fifo_rd(tx_ptr_fifo_rd),
    .ptr_fifo_din(tx_ptr_fifo_dout),
    .ptr_fifo_empty(tx_ptr_fifo_empty)
    );
assign MII_TX_ER=1'b0;
endmodule
```

第3章

以太网查表电路

以太网查表电路用于实现源MAC地址学习和根据目的MAC地址查找输出端口的功能，是以太网交换机中的核心电路之一。以太网查表电路有多种实现方案，常用的包括两种，即采用内容可寻址存储器（CAM）或哈希（hash）散列表（简称为哈希表）实现。

3.1 采用CAM实现的以太网查表电路

CAM是目前使用较多的硬件查表电路，是RAM技术的一种延伸。RAM根据用户提供的地址对相应的存储单元进行访问，RAM的存储容量取决于地址线位宽，存储单元位宽可以根据需要进行相应的扩展。与RAM的访问方式不同，CAM将输入的内容（或称关键字）与所存储表项（或称存储单元）的内容（或称关键字）进行比较（或称匹配），返回表项的存储地址（或称表项的索引）。

图3-1是CAM的工作原理示意图，图中给出了CAM的两种常用的工作方式。

对于图3-1(a)所示的CAM工作方式1，CAM的表项中存储着待匹配的关键字（如MAC地址）和相应的查找结果（如输出端口映射位图）。假设输入的待匹配MAC地址为48'h010203040506，那么CAM会将该MAC地址与CAM中所有表项里存储的MAC地址进行一一比对，发现其与索引（地址）为1003的表项中存储的MAC地址一致，因此将表项1003中存储的查找结果输出。

对于图3-1(b)所示的CAM工作方式2，CAM的表项中存储着待匹配的关键字，与该关键字对应的查找结果存储在另一块RAM中。同样，假设输入的待匹配MAC地址为48'h010203040506，那么CAM会将该MAC地址与CAM中所有表项里存储的MAC地址进行一一比对，发现其与索引（地址）为1003的表项中存储的MAC地址一致，此时CAM输出的查找结果为1003。CAM的外部电路（图中没有给出）需要以1003为地址访问存储查找结果的RAM，才能得到所需的最终查找结果。

CAM工作方式1的优点是只需要进行一次查找操作，即可直接得到查找结果，查找速度快；缺点是模块化水平低，使用不够灵活。例如，CAM应用于一个8端口以太网交换机时，查找结果为位宽为8位的输出端口映射位图（8位分别对应8个端口，某位为1表明MAC帧需要从对应的端口输出）。如果将其应用于16端口以太网交换机，则需要对CAM本身进行修改。如果采用CAM工作方式2，则只需简单地扩展RAM的位宽就可以了。

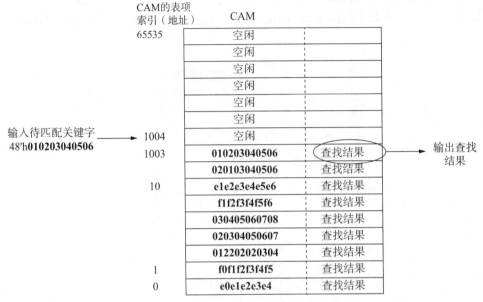

(a) CAM工作方式1

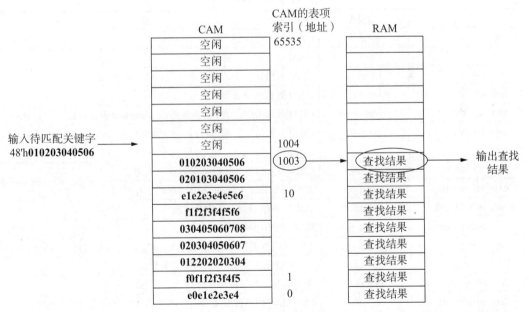

(b) CAM工作方式2

图3-1　CAM的工作原理示意图

利用CAM，能够在一个时钟周期内并行实现与所有表项的匹配操作，并返回匹配表项的地址信息，具有很高的查找速度。

　　地址老化技术对于以太网查表电路的设计也非常重要。地址老化技术用于周期性地清理转发表中一段时间内没有发送过数据的主机MAC地址，将清理出来的空间供当前处于数据发送活跃状态的主机使用，这样可以有效减少数据帧广播，使得转发表的深度相对较小，从而有效降低硬件资源开销。

　　图3-2所示为位宽为48位，深度为64的CAM电路端口图，各端口的功能如表3-1所示。

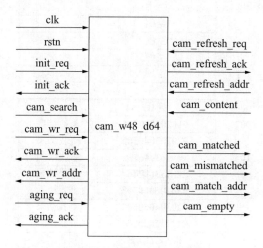

图3-2　CAM电路端口图

表3-1　CAM电路端口定义

端　　口	I/O类型	功　　能
clk	input	CAM的工作时钟
rstn	input	CAM复位信号，低电平有效
init_req	input	CAM初始化请求，用于通知对CAM进行初始化
init_ack	output	CAM初始化完成指示信号
cam_search	input	CAM查找请求，为1时表示对cam_content进行匹配
cam_wr_req	input	CAM写入请求，用于将cam_content写入CAM
cam_wr_addr	input	CAM写入的地址，指出cam_content写入的地址
cam_wr_ack	output	CAM写入应答，指出当前表项写入完成
cam_refresh_req	input	请求刷新cam_refresh_addr表项的生存时间
cam_refresh_ack	output	输出应答信号，表示刷新完成
cam_refresh_addr	input	输入当前需要刷新的CAM地址
cam_content	input	写入时为当前MAC帧的源MAC地址，查找时为其目的MAC地址
cam_matched	output	为1时表示当前输入的MAC地址匹配成功
cam_mismatched	output	为1时表示当前输入的MAC地址匹配不成功
cam_match_addr	output	当前MAC地址匹配成功时，该端口输出存储的匹配项地址
cam_empty	output	为1时表示当前CAM为空，无可用空间
aging_req	input	CAM表项老化请求
aging_ack	output	本次CAM表项老化结束

　　下面是一个位宽为48位，深度为64的CAM模型，匹配结果是关键字存储的地址，需要在外部电路中进行二次查找，以得到用户最终需要的结果。

```verilog
`timescale 1ns / 1ps
module cam_w48_d64 (
input               clk,
input               rstn,
input               init_req,      // CAM 初始化请求，用于通知对 CAM 进行初始化
output    reg       init_ack,      // CAM 初始化完成指示信号
input               cam_search,    // CAM 查找请求，为 1 时表示对 cam_content 进行
                                   // 匹配
input               cam_wr_req,    // CAM 写入请求，用于将 cam_content 写入 CAM
output    reg [5:0] cam_wr_addr,   // CAM 写入的地址，指出 cam_content 写入的地址
output    reg       cam_wr_ack,    // CAM 写入应答，指出当前表项写入完成
input               cam_refresh_req,   // 请求刷新 cam_refresh_addr 表项的生存时间
output    reg       cam_refresh_ack,   // 输出应答信号，表示刷新完成
input         [5:0] cam_refresh_addr,  // 输入当前需要刷新的 CAM 地址
input        [47:0] cam_content,       // 写入时为当前 MAC 帧的源 MAC 地址，查找时
                                       // 为其目的 MAC 地址
output    reg       cam_matched,       // 为 1 时表示当前输入的 MAC 地址匹配成功
output    reg       cam_mismatched,    // 为 1 时表示当前输入的 MAC 地址匹配不成功
output    reg [5:0] cam_match_addr,    // 输出存储匹配项的地址，即匹配结果
output              cam_empty,         // 为 1 时表示当前 CAM 为空，无可用空间
input               aging_req,         // CAM 表项老化请求
output    reg       aging_ack          // 本次 CAM 表项老化结束
);
parameter TTL_TH=10'd300;              // 定义生存时间参数 TTL_TH。如果每秒进行一次
                                       // 老化操作，则 TTL_TH 设定的生存时间为 300 s

reg       [5:0]     cam_addr_fifo_din;
reg                 cam_addr_fifo_wr;
reg                 cam_addr_fifo_rd;
wire      [5:0]     cam_addr_fifo_dout;

reg      [47:0]     cam [0:63];        // 定义 CAM 存储器，位宽为 48 位，深度为 64
reg      [10:0]     valid_ttl [0:63];  // 定义生存时间存储器
integer             i,j,m;             // 内部变量
reg      [10:0]     temp;              // 内部临时变量，temp[10] 为表项有效指示位，
                                       // 其中 [9:0] 存储生存时间
reg       [1:0]     state;             // 状态机
reg       [5:0]     aging_addr;        // 存储当前正在老化的表项地址
always @(posedge clk or negedge rstn)
    if(!rstn) begin
        state=0;
        cam_addr_fifo_din=0;
        cam_addr_fifo_wr=0;
        cam_addr_fifo_rd=0;
        cam_wr_ack=0;
        init_ack=0;
        aging_ack=0;
```

```
            cam_refresh_ack=0;
            aging_addr=0;
            i=0;
            m=0;
            end
    else begin
        case(state)
        // 空闲状态
        0:begin
            cam_addr_fifo_wr=0;
            // 如果有初始化请求，则进入CAM初始化状态
            if(init_req) begin
                i=0;
                state=2;
                end
            // 若有写入请求，则将当前输入MAC地址写入CAM空闲表项，进入状态1
            else if(cam_wr_req)begin
                cam_wr_ack=1;
                cam[cam_addr_fifo_dout]=cam_content;
                cam_wr_addr=cam_addr_fifo_dout;
                temp[9:0]=TTL_TH;
                temp[10]=1'b1;
                valid_ttl[cam_addr_fifo_dout]=temp[10:0];
                cam_addr_fifo_rd=1;
                state=1;
                end
            // 如果有表项更新请求，则更新当前表项的生存时间
            else if(cam_refresh_req) begin
                cam_refresh_ack=1;
                temp[9:0]=TTL_TH;
                temp[10]=1'b1;
                valid_ttl[cam_refresh_addr]=temp[10:0];
                state=1;
                end
            // CAM表项老化请求，对每个表项的生存时间进行检查
            else if(aging_req) begin
                temp=valid_ttl[aging_addr];
                // 如果当前表项有效且生存时间大于0，则将其生存时间减1后保存
                if(temp[10])begin
                    if(temp[9:0]>0) begin
                        temp=temp-1;
                        valid_ttl[aging_addr]=temp;
                        if(aging_addr<63) aging_addr=aging_addr+1;
                        else begin
                            aging_ack=1;
                            aging_addr=0;
                            state=1;
                            end
```

```
                end
// 若当前表项有效且生存时间为 0，则将当前表项置为无效，将其
// 对应的地址写入内部的地址 FIFO。地址 FIFO 中存储的是 CAM 中未
// 使用表项的地址
            else begin
                valid_ttl[aging_addr]=0;
                cam_addr_fifo_wr=1;
                cam_addr_fifo_din=aging_addr;
                if(aging_addr<63) aging_addr=aging_addr+1;
                else begin
                    aging_addr=0;
                    aging_ack=1;
                    state=1;
                    end
                end
            end
        else begin
            if(aging_addr<63)aging_addr=aging_addr+1;
            else begin
                aging_ack=1;
                aging_addr=0;
                state=1;
                end
            end
        end
    end
// 过渡状态，用于等待 cam_wr_req 或 cam_refresh_req 由 1 置为 0 后，返回状态 0
1:begin
    cam_wr_ack=0;
    cam_refresh_ack=0;
    cam_addr_fifo_wr=0;
    cam_addr_fifo_rd=0;
    aging_ack=0;
    state=0;
    end
// CAM 初始化状态 init_req
2:begin
    cam_addr_fifo_din=i[5:0];
    cam_addr_fifo_wr=1;
    cam[i]=0;
    valid_ttl[i]=0;
    if(i<63) i=i+1;
    else begin
        init_ack=1;
        state=3;
        end
    end
```

```verilog
        // 过渡状态，用于等待 init_req 由 1 置为 0
        3:begin
            cam_addr_fifo_wr=0;
            init_ack=0;
            state=0;
            end
        endcase
        end
// 进行 CAM 查找
always @(posedge clk) begin
    cam_matched=1'b0;
    cam_mismatched=1'b0;
    if (cam_search) begin
        cam_mismatched=1'b1;
        for (j=0; j<64; j=j+1)begin
            if((cam_content===cam[j]) && (!cam_matched))begin
                cam_matched=1'b1;
                cam_mismatched=1'b0;
                cam_match_addr=j;
                end
                end
            end
        end
// 例化一个 Fall-Through 模式的 FIFO（称为地址 FIFO），用于存储当前可用 CAM 表项的地址。
// CAM 内部的状态机对 CAM 进行初始化时，会将 CAM 全部表项的地址 0~63 写入地址 FIFO。当
// 外部电路向 CAM 发出表项添加（写入）请求时，状态机会从地址 FIFO 中读出一个地址，将当
// 前外部输入的关键字添加到该地址对应的表项中。进行地址老化时，生存时间计数值降为 0 的
// 表项对应的地址被写入地址 FIFO
sfifo_ft_w6_d64   u_addr_fifo (
    .clk(clk),                       // input clk
    .rst(!rstn),                     // input rst
    .din(cam_addr_fifo_din),         // input [5:0] din
    .wr_en(cam_addr_fifo_wr),        // input wr_en
    .rd_en(cam_addr_fifo_rd),        // input rd_en
    .dout(cam_addr_fifo_dout),       // output [5:0] dout
    .full(),                         // output full
    .empty(cam_empty),               // output empty
    .data_count()                    // output [6:0] data_count
    );
endmodule
```

对于 CAM，需要进行以下说明。

（1）CAM 中的存储单元为寄存器，此时会消耗较多的 FPGA 寄存器资源，不适合容量较大的场合。

（2）采用 for 循环实现匹配查找。for 循环采用组合逻辑电路实现，会同时存在多个并行的比较器，逻辑资源消耗较大。

（3）CAM可以在一个时钟周期内实现对全部表项的匹配，查找速度快，常用于高速查表电路。

（4）这里采用了一个地址FIFO存储当前CAM中空闲表项的地址，FIFO在生成时选择了First-Word Fall-Through模式（简称为Fall-Through模式），这种模式的FIFO中的第一个数据可以在没有读操作的情况下直接出现在输出端口上。在ISE中生成Fall-Through模式的FIFO时，具体选项如图3-3所示。

（5）老化操作在aging_req有效时开始，优先级低于查找和表项添加操作的优先级。需要对CAM中的所有表项进行老化操作，因此时间会略长。CAM外部需要定时器，由定时器每秒发出一次老化请求。

（6）电路支持CAM更新操作，用于对cam_refresh_addr指定的表项进行生存时间更新。完成更新操作后，该表项的生存时间计数值恢复为TTL_TH参数确定的值。

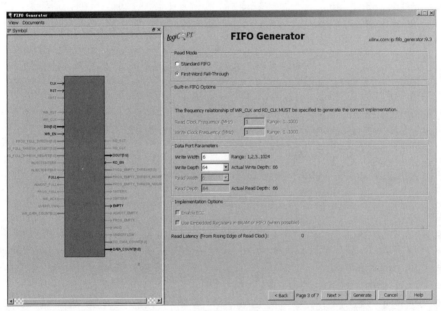

图3-3　生成First-Word Fall-Through模式的FIFO时的选项

（7）查表电路需要和外部的数据帧处理电路配合工作，此时的基本操作包括地址学习和地址查找操作。

根据源MAC地址进行地址学习时，数据帧处理电路需要提取出接收的MAC帧的源MAC地址并进行查找，确定其是否已经存在于CAM中。如果已经存在（cam_matched为1），则根据获取的CAM地址对其进行生存时间更新操作；如果不存在（cam_mismatched为1），则通过cam_wr_req发出写入（表项添加）请求，CAM完成表项添加后，输出表项在CAM中存储的具体地址，这样就完成了地址学习过程。

使用目的MAC地址查找输出端口时，数据帧处理电路提取出接收MAC帧的目的MAC地址并进行查找，如果匹配成功，则获得表项在CAM中存储的具体地址。数据帧处理电路将该地址作为RAM的地址，将当前数据帧的源端口映射位图写入存储查找结果的RAM中，如果匹配不成功，则查表电路将其广播到除当前帧输入端口外的其他端口。

（8）在这个CAM电路中，在时序电路部分没有使用传统的非阻塞赋值方式，而是使用了阻塞赋值方式，这样做是为了简化代码设计，便于进行逻辑功能分析。

对CAM的仿真验证主要包括以下内容。

（1）在系统复位后，对CAM进行初始化，将可用CAM地址写入CAM内部的地址FIFO。

（2）在CAM中连续添加64个表项，观察cam_empty的状态变化。

（3）进行CAM查找操作。

（4）进行CAM地址老化操作（为了加速老化过程，可以减小CAM中的生存时间参数，以便于仿真）。

（5）经过一段时间老化后，发送数据帧，进行源MAC地址生存时间更新。

```verilog
`timescale 1ns / 1ps
module cam_w48_d64_tb;
// Inputs
reg clk;
reg rstn;
reg cam_search;
reg cam_wr_req;
wire [5:0] cam_wr_addr;
reg [47:0] cam_content;
reg aging_req;
reg init_req;

// Outputs
wire cam_wr_ack;
wire cam_matched;
wire cam_mismatched;
wire [5:0] cam_match_addr;
wire cam_empty;
wire aging_ack;
wire init_ack;

always #5 clk=~clk;
// 例化被测电路，为了便于仿真分析，例化时将 cam_w48_d64 模块中的参数 TTL_TH 设定为 3，
// 而不是默认的 300
cam_w48_d64  u_cam_w48_d64 (
    .clk(clk),
    .rstn(rstn),
    .init_req(init_req),
    .init_ack(init_ack),
    .cam_search(cam_search),
    .cam_wr_req(cam_wr_req),
    .cam_wr_addr(cam_wr_addr),
    .cam_wr_ack(cam_wr_ack),
    .cam_refresh_req(cam_refresh_req),
```

```
        .cam_refresh_ack(cam_refresh_ack),
        .cam_refresh_addr(cam_refresh_addr),
        .cam_content(cam_content),
        .cam_matched(cam_matched),
        .cam_mismatched(cam_mismatched),
        .cam_match_addr(cam_match_addr),
        .cam_empty(cam_empty),
        .aging_req(aging_req),
        .aging_ack(aging_ack)
);

integer i;
reg [47:0]  mac_address;
initial begin
    // Initialize Inputs
    clk=0;
    rstn=0;
    cam_search=0;
    cam_wr_req=0;
    cam_content=0;
    aging_req=0;
    init_req=0;
    i=0;
    // Wait 100 ns for global reset to finish.
    #100;
    rstn=1;
    // Add stimulus here
    #1000;
    // 请求对 CAM 进行初始化
    init_req=1;
    // 使用 while 语句等待初始化完成
    while(!init_ack) repeat(1)@(posedge clk);
    init_req=0;
    // 循环调用 add_entry, 将 64 个表项添加到 CAM 中, 观察 cam_empty 的状态变化
    for(i=1;i<=64;i=i+1) begin
        mac_address=i;
        add_entry(i);
        end
    #100;
    // 连续进行查找操作, 查看是否可以实现匹配, 分析匹配结果与所建立的表项是否一致
    search(48'h10);
    search(48'h20);
    search(48'hf0f1f2f3f4f5);
    // 对表项进行第 1 次老化, 分析仿真波形
    aging_req=1;
    while(!aging_ack) repeat(1)@(posedge clk);
    aging_req=0;
    #100;
```

```
    // 对表项进行第 2 次老化，分析仿真波形
    aging_req=1;
    while(!aging_ack) repeat(1)@(posedge clk);
    aging_req=0;
    #100;
    // 对表项进行第 3 次老化，分析仿真波形
    aging_req=1;
    while(!aging_ack) repeat(1)@(posedge clk);
    aging_req=0;
    #100;
    // 插入两个表项更新操作，表示有两个终端发送了数据帧，需要更新生存时间
    refresh(48'h10);
    refresh(48'h1);
    // 对表项进行第 4 次老化，分析仿真波形，此时除了发生过更新的两个表项，
    // 其余表项的生存时间已减至 0，需要将其地址返回给内部地址 FIFO，将表项置为无效
    aging_req=1;
    while(!aging_ack) repeat(1)@(posedge clk);
    aging_req=0;
    #100;
    end
// 执行 CAM 表项添加的任务
task add_entry;
input    [47:0]  mac_addr;
begin
    repeat(1)@(posedge clk);
    cam_wr_req=1;
    cam_content=mac_addr;
    while(!cam_wr_ack) repeat(1)@(posedge clk);
    cam_wr_req=0;
    $display ("add entry ok");
    end
endtask
// 执行 CAM 表项查找的任务
task search;
input    [47:0]  mac_addr;
begin
    repeat(1)@(posedge clk);
    cam_search=1;
    cam_content=mac_addr;
    repeat(1)@(posedge clk);
    cam_search=0;
    end
endtask
// 执行 CAM 表项老化的任务
task aging;
begin
    repeat(1)@(posedge clk);
```

```
    aging_req=1;
    while(!aging_ack) repeat(1)@(posedge clk);
    aging_req=0;
    repeat(1)@(posedge clk);
    end
endtask
// 执行 CAM 表项更新的任务
task refresh;
input   [5:0]   cam_addr;
begin
    repeat(1)@(posedge clk);
    cam_refresh_req=1;
    cam_refresh_addr=cam_addr;
    while(!cam_refresh_ack) repeat(1)@(posedge clk);
    cam_refresh_req=0;
    repeat(1)@(posedge clk);
    end
endtask
endmodule
```

具体仿真波形如图3-4所示。图中①处是对CAM进行初始化的波形，初始化时，所有
CAM的存储表项都是可用的，具体表项地址存储在内部FIFO中。每个在CAM中存储的
表项都有生存时间，需要定时刷新它们的生存时间，即进行地址老化。在此过程中，如果
某个表项的生存地间减至0，则将该表项对应的地址写入此FIFO中，供后续新加入的表项
使用。图中的②～⑤处进行了4次地址老化，每次老化将CAM中所有有效表项的生存时
间（valid_ttl）值减1，在第4次地址老化完成后，valid_ttl值已经减至0，对应表项成为无
效表项。

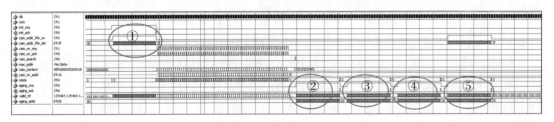

图3-4　仿真波形

3.2　利用哈希散列表实现的精确匹配查表电路

根据以太网MAC地址查找输出端口信息的另一种方式是采用哈希散列查找技术。一
般的查找需要遍历全部表项获得想要的查找结果，而哈希散列查找算法先压缩查找空间，
在压缩后的空间中对关键字进行匹配，然后输出匹配表项里存储的查找结果信息，此时需
要进行匹配的项数大幅度压缩，速度大大提高。

3.2.1　哈希散列查找算法简介

哈希散列查找，包括建立哈希表和进行哈希查找两个步骤。建立哈希表的基本过程为：（1）根据待匹配的关键字（如MAC地址）进行哈希散列运算，得到其哈希值。哈希值的位宽与哈希表的深度直接相关。例如，哈希表深度为1K，那么哈希值位宽为10位，这样可以寻址1K的空间。（2）以哈希值为地址，将关键字（如MAC地址）和与关键字对应的信息（如输出端口映射位图等）一起写入由RAM构成的哈希表中，就完成了与某个MAC地址对应的哈希表项的建立工作。

哈希表查找过程为：将待匹配的关键字（如目的MAC地址）进行哈希变换，得到哈希散列表的读地址，然后从哈希表中读出与该哈希值对应的表项，如果读出表项中存储的关键字与待匹配的关键字相同，则与关键字对应的信息就是查找结果。

如果哈希表设计合理，多数情况下经过一次存储访问就能得到结果，查找速度可以满足高性能交换机的要求。

在哈希查找过程中，需要利用哈希函数建立关键字集合（K）到哈希表地址空间（A）的映射，即

$$H : K \rightarrow A$$

这种映射是一种压缩映射，也就是说，哈希值的空间通常远小于关键字的集合空间，不同的关键字可能会产生相同的哈希值，从而导致发生哈希冲突。一个好的哈希函数能减少哈希冲突，但由于关键字集合通常比地址集合大得多，哈希冲突无法避免。因此，采用哈希散列查找方案时，一方面要考虑选择好的哈希函数，另一方面要设计解决哈希冲突的方法。

解决哈希冲突的典型方法是增大哈希表的宽度，使得一个哈希值对应的存储空间中可同时存储多个关键字及其对应的结果信息，这种方式也称为多哈希桶技术（每个哈希桶对应一个关键字和一个查找结果）。采用多个哈希桶，可以有效缓解哈希冲突，同时保证单次访问就可以得到查找结果，这是目前采用的主要方法。

哈希查找算法的关键是哈希函数的选取。哈希函数选得不好，会导致哈希冲突频繁出现，冲突太多会降低查找效率。好的哈希函数可以使关键字集合中的任何一个关键字经过哈希函数变换后，尽量均匀地分布到哈希表的各个地址空间。常见的哈希函数种类较多，这里不做深入探讨，可以考虑对关键字进行CRC校验运算，将校验值中的一部分作为哈希值。本例选择对关键字进行CRC-16校验运算，其生成多项式为

$$G(X) = X^{16} + X^{15} + X^2 + 1 \tag{3-1}$$

本设计中采用的哈希桶的结构如图3-5(a)所示，将MAC地址进行CRC-16运算，选择计算结果的低10位作为哈希值，每个哈希桶的深度为1024。

哈希桶的每个表项的具体结构如图3-5(b)所示，表项的位宽为80位，包括了MAC地址（48位）、输出端口映射位图（portmap，16位）、生存时间（live_time，10位）、表项有效指示（item_valid，1位），以及保留未用的5位，详细说明如表3-2所示。

表 3-2　哈希表项结构及定义

结　　构	定　　义
item_valid	高电平有效。若为高电平，则表示该表项为有效表项；若为低电平，则表示该表项无效，可用于存储新的表项
live_time	用于表示该表项的生存时间（本例中默认为300 s）
MAC地址	进行地址学习时，写入源MAC地址；进行查找时，与目的MAC地址进行比较
portmap	位宽与以太网交换机端口数相同，此处为16位（本例中使用了4位）。进行源MAC地址学习时，将MAC帧的输入端口映射位图写入；进行目的MAC地址查找时，它被读出，作为当前MAC帧的输出端口映射位图
5位保留未用	目前未使用

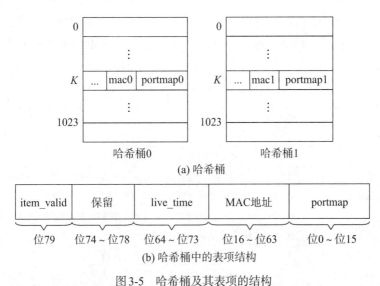

(a) 哈希桶

(b) 哈希桶中的表项结构

图 3-5　哈希桶及其表项的结构

3.2.2　基于哈希散列的查表电路

图 3-6为基于哈希散列的查表电路（可简称为哈希散列查表电路）的端口图，表3-3给出了电路的端口定义。

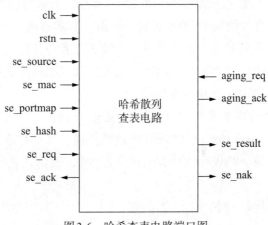

图 3-6　哈希查表电路端口图

　　下面给出的代码是一个双桶哈希散列查表电路，名为hash_2_bucket，深度为1024，主要实现哈希表项插入、MAC地址精确匹配查找和哈希表项老化功能，具体介绍如下。

　　（1）表项插入功能。查表电路提取出当前MAC帧的源MAC地址，然后进行地址学习操作。进行地址学习和地址查找时使用的端口几乎相同，只是进行地址学习时 se_source 为1，表示当前 se_mac 为源MAC地址。表项插入操作的目的是在 se_hash 对应的存储位置写入与当前 se_mac 和 se_portmap 对应的表项。hash_2_bucket 电路是一个双桶哈希散列查表电路，它收到表项添加请求后，首先根据 se_hash 值从两个哈希桶中读出对应的两个表项，然后判断当前输入的 MAC 地址是否在表中已经存在并且处于活跃状态，如果是，那么仅更新其生存时间即可；如果不存在该表项，并且两个哈希桶中至少有一个为空，则将 MAC 地址及其对应的 se_portmap 信息写入，将生存时间置为最大值；如果没有该表项并且没有可用的存储空间，则放弃本次操作，表项写入失败，返回 se_nak（将 se_nak 置1表示没有添加成功）。

表3-3　哈希散列查表电路的端口定义

端　　口	I/O类型	位宽/位	功　　能
clk	input	1	系统时钟
rstn	input	1	系统复位信号，低电平有效
se_source	input	1	为1时表示当前 se_mac 为源MAC地址，需要进行地址学习
se_mac	input	48	进行地址学习时输入源MAC地址，进行查找时输入目的MAC地址
se_portmap	input	16	进行地址学习时，输入的是源MAC地址的输入端口映射位图
se_hash	intput	10	输入的是 se_mac 的哈希值
se_req	intput	1	为1时表示地址学习或地址查找
se_ack	output	1	为1时表示地址学习完成，或地址查找完成并匹配成功
se_nak	output	1	为1时表示由于缓冲区冲突等原因，未完成地址学习，或者地址查找匹配不成功
se_result	output	16	输出查到的输出端口映射位图
aging_req	iutput	1	地址老化请求
aging_ack	output	1	地址老化应答，表示此轮地址老化完成

　　（2）查找功能。针对到达数据帧的目的MAC地址，查表电路发出查找请求，同时将 se_source 置0，表示进行目的MAC地址查找。hash_2_bucket 电路根据 se_hash 值读取两个哈希桶中对应的表项并进行检查。如果有一个表项匹配成功并且表项处于活跃状态，则通过 se_result 返回查找结果，同时将 se_ack 置1，通知外部电路查找成功。如果匹配不成功，那么通过 se_nak 通知外部电路查找不成功。

　　（3）表项老化功能。当哈希查表电路收到 aging_req 时，它会对两个哈希桶所有的表项进行检查，即对地址从0到0x3ff的表项依次进行扫描，将所有处于活跃状态的表项的生存时间都减1。如果当前活跃表项的生存时间已经为0，则将该表项的各个位（包括有效指示位）全部清零。

　　hash_2_bucket.v 的代码如下。

```verilog
`timescale 1ns / 1ps
//=========================================================================
// 表项结构:
// [15:0]: portmap, 进行源 MAC 地址学习时, 将 MAC 帧的输入端口映射位图写入; 进行目的
// MAC 地址查找时, 它被读出, 作为当前 MAC 帧的输出端口映射位图
// [63:16]: MAC 地址
// [73:64]: 生存时间
// [79]: 表项的有效指示位, 1 表示当前表项有效; 0 表示当前表项无效, 可用于写入新的表项
//=========================================================================
module hash_2_bucket(
input                   clk,
input                   rstn,
//port se signals.
input                   se_source,
input       [47:0]      se_mac,
input       [15:0]      se_portmap,
input       [9:0]       se_hash,
input                   se_req,
output  reg             se_ack,
output  reg             se_nak,
output  reg [15:0]      se_result,
input                   aging_req,
output  reg             aging_ack
);
parameter   LIVE_TH=10'd300;
//=========================================================================
// hit0 和 hit1 表示当前待匹配的 se_mac 与两个哈希桶中存储的 MAC 地址是否相同, 1 表示相
// 同, 0 表示不同
// item_valid0 和 item_valid1 表示从两个哈希桶中读出的表项(表项 0 和表项 1)是否有效,
// 1 表示有效, 0 表示无效
// live_time0 和 live_time1 是两个表项的生存时间
// not_outlive_0 和 not_outlive_1 表示两个表项的生存时间是否大于 0, 1 表示是, 0 表示否
//=========================================================================
reg         [3:0]       state;
reg                     clear_op;           // 表项清除控制寄存器
reg                     hit0;
reg                     hit1;
wire                    item_valid0;
wire                    item_valid1;
wire        [9:0]       live_time0;
wire        [9:0]       live_time1;
wire                    not_outlive_0;
wire                    not_outlive_1;
//ram0 存储哈希桶 0
reg                     ram_wr_0;
reg         [9:0]       ram_addr_0;
reg         [79:0]      ram_din_0;
```

```verilog
wire      [79:0]       ram_dout_0;
reg       [79:0]       ram_dout_0_reg;
//ram1 存储哈希桶1
reg                   ram_wr_1;
reg       [9:0]        ram_addr_1;
reg       [79:0]       ram_din_1;
wire      [79:0]       ram_dout_1;
reg       [79:0]       ram_dout_1_reg;
reg       [9:0]        aging_addr;        // 当前待老化表项的地址
reg       [47:0]       hit_mac;
always @(posedge clk or negedge rstn)
    if(!rstn)begin
        state         <=#2 0;
        clear_op      <=#2 1;              // 用于控制对表项存储空间进行初始化，全部写入 0
        ram_wr_0      <=#2 0;
        ram_addr_0    <=#2 0;
        ram_din_0     <=#2 0;
        ram_wr_1      <=#2 0;
        ram_addr_1    <=#2 0;
        ram_din_1     <=#2 0;
        se_ack        <=#2 0;
        se_nak        <=#2 0;
        se_result     <=#2 0;
        aging_ack     <=#2 0;
        aging_addr    <=#2 0;
        hit_mac       <=#2 0;
        end
    else begin
        ram_dout_0_reg <=#2 ram_dout_0;
        ram_dout_1_reg <=#2 ram_dout_1;
        ram_wr_0       <=#2 0;
        ram_wr_1       <=#2 0;
        se_ack         <=#2 0;
        se_nak         <=#2 0;
        aging_ack      <=#2 0;
        case(state)
        0:begin
        //============================================================
        // 状态 0 有 3 个分支:
        //（1）系统刚复位时 clear_op 为 1，电路进入状态 15，进行表项存储空间的初始化，
        // 此后不会再进入此分支
        //（2）se_req 为 1 时，电路进入匹配查找状态或表项添加状态
        //（3）aging_req 为 1 时，电路进入表项老化状态，需要注意的是表项老化操作的优
        // 先级比匹配查找操作的优先级低，因此是在匹配查找操作的间隙进行的
        //============================================================
            if(clear_op) begin
                ram_addr_0  <=#2 0;
```

```
                    ram_addr_1    <=#2 0;
                    ram_wr_0      <=#2 0;
                    ram_wr_1      <=#2 0;
                    ram_din_0     <=#2 0;
                    ram_din_1     <=#2 0;
                    state         <=#2 15;
                    end
                else if(se_req) begin
                    ram_addr_0    <=#2 se_hash;
                    ram_addr_1    <=#2 se_hash;
                    hit_mac       <=#2 se_mac;
                    state         <=#2 1;
                    end
                else if(aging_req) begin
                    if(aging_addr<10'h3ff) aging_addr    <=#2 aging_addr+1;
                    else begin
                        aging_addr <=#2 0;
                        aging_ack  <=#2 1;
                        end
                    ram_addr_0        <=#2 aging_addr;
                    ram_addr_1        <=#2 aging_addr;
                    state             <=#2 8;
                    end
            end
1:state                       <=#2 2;        // 等待表项被读出
2:begin
//=================================================================
// 根据 se_source 是否为 1，判断当前查找过程是进行源 MAC 地址学习，还是目的
// MAC 地址查找。如果进行源 MAC 地址学习，则进入状态 3；如果进行目的 MAC 地址查找，
// 则进入状态 6。在状态 2，RAM 中存储的表项已被读出，这里又等待了一个时钟周期，
// 使得 ram_dout_0_reg 和 ram_dout_1_reg 可以寄存 RAM 的输出，然后使用组合
// 逻辑判断表项能否匹配成功。这种做法增加了时钟周期数，但有利于缩短延迟路径，
// 提高系统的工作时钟频率
//=================================================================
    if(se_source) state<=#2 3;
    else state<=#2 6;
    end
3:begin
    //=============================================================
    // 如果两个表项都没有匹配成功，则进入状态 4，需要新建立一个表项并写入表
    // 项存储区
    //=============================================================
    if({hit1,hit0}==2'b00) state<=#2 4;
    //=============================================================
    // 如果有一个表项匹配成功，则进入状态 5，更新表项的生存时间
    //=============================================================
    else state<=#2 5;
```

```
            end
    4:begin
        //=============================================================
        // 建立表项时，需要区分 3 种情况：
        // (1) 从两个哈希桶中读出的表项 0 和表项 1 均未匹配成功，但都是有效表项，
        //        说明其已经被占用，新表项无法写入，添加失败；
        // (2) 两个表项之一是无效的，将新表项写入无效表项在哈希桶中的存储位置
        // (3) 两个表项当前都是无效的，将新表项写入表项 0 在哈希桶中的存储位置
        // 注意：状态 14 是一个过渡状态，用于等待外部请求清零
        //=============================================================
        state<=#2 14;
        case({item_valid1,item_valid0})
        2'b11: se_nak<=#2 1;
        2'b00,2'b10: begin
            se_nak<=#2 0;
            se_ack<=#2 1;
            ram_din_0<=#2 { 1'b1,5'b0,
                            LIVE_TH,
                            se_mac[47:0],
                            se_portmap[15:0]};
                            ram_wr_0<=#2 1;
            end
        2'b01:begin
            se_nak<=#2 0;
            se_ack<=#2 1;
            ram_din_1<=#2 { 1'b1,5'b0,
                            LIVE_TH,
                            se_mac[47:0],
                            se_portmap[15:0]};
                            ram_wr_1<=#2 1;
            end
        endcase
        end
    5:begin
        //=============================================================
        // 待添加的表项已经存在时，需要更新其生存时间，更新其 se_portmap
        //=============================================================
        state<=#2 14;
        case({hit1,hit0})
        2'b01: begin
            se_nak<=#2 0;
            se_ack<=#2 1;
            ram_din_0<=#2 { 1'b1,5'b0,
                            LIVE_TH,
                            se_mac[47:0],
                            se_portmap[15:0]};
                            ram_wr_0<=#2 1;
```

```
            end
    2'b10:begin
        se_nak<=#2 0;
        se_ack<=#2 1;
        ram_din_1<=#2 { 1'b1,5'b0,
                        LIVE_TH,
                        se_mac[47:0],
                        se_portmap[15:0]};
        ram_wr_1<=#2 1;
        end
    endcase
    end
6:begin
    //=========================================================
    // 此状态用于匹配查找，而非用于建立表项，操作过程较为简单，此时只有 3 种可能，
    // 即均未匹配成功，表项 0 匹配成功，表项 1 匹配成功。不存在两个表项同时匹
    // 配成功的情况
    //=========================================================
    state<=#2 14;    // 注意：状态 14 是一个过渡状态，用于等待外部请求清零
    case({hit1,hit0})
    2'b00: begin
        se_ack<=#2 0;
        se_nak<=#2 1;
        end
    2'b01: begin
        se_nak<=#2 0;
        se_ack<=#2 1;
        se_result<=#2 ram_dout_0_reg[15:0];
        end
    2'b10:begin
        se_nak<=#2 0;
        se_ack<=#2 1;
        se_result<=#2 ram_dout_1_reg[15:0];
        end
    endcase
    end
//=========================================================
// 状态 8～10 用于对一个表项进行老化
// 注意，为了避免老化操作影响匹配查找操作，每完成一个表项的老化后，需要将地址
// 加 1，然后返回状态 0。如果没有查找请求，且本次老化未完成，则继续老化操作
// 注意，状态 8 和 9 是等待状态，一个等待表项从 RAM 中输出，一个等待 RAM 的输出
// 值被寄存
//=========================================================
8:state<=#2 9;
9:state<=#2 10;
10:begin
    state<=#2 14;
```

```
    if(not_outlive_0)begin
        ram_din_0[79]<=#2 1'b1;
        ram_din_0[78:74]<=#2 5'b0;
        ram_din_0[73:64]<=#2 live_time0-10'd1;
        ram_din_0[63:0]<=#2  ram_dout_0_reg[63:0];
        ram_wr_0<=#2 1;
        end
    else begin
        ram_din_0[79:0]<=#2 80'b0;
        ram_wr_0<=#2 1;
        end
    if(not_outlive_1)begin
        ram_din_1[79]<=#2 1'b1;
        ram_din_1[78:74]<=#2 5'b0;
        ram_din_1[73:64]<=#2 live_time1-10'd1;
        ram_din_1[63:0]<=#2  ram_dout_1_reg[63:0];
        ram_wr_1<=#2 1;
        end
    else begin
        ram_din_1[79:0]<=#2 80'b0;
        ram_wr_1<=#2 1;
        end
    end
// 状态14为过渡状态，用于等待外部请求清零
14:begin
    ram_wr_0<=#2 0;
    ram_wr_1<=#2 0;
    se_ack<=#2 0;
    se_nak<=#2 0;
    aging_ack<=#2 0;
    clear_op<=#2 0;
    state<=#2 0;
    end
// 在状态15时进行表项存储器初始化操作
15:begin
    if(ram_addr_0<10'h3ff) begin
        ram_addr_0<=#2 ram_addr_0+1;
        ram_wr_0<=#2 1;
        end
    else ram_addr_0<=#2 0;
    if(ram_addr_1<10'h3ff) begin
        ram_addr_1<=#2 ram_addr_1+1;
        ram_wr_1<=#2 1;
        end
    else begin
        ram_addr_1<=#2 0;
        ram_wr_0<=#2 0;
```

```
                ram_wr_1<=#2 0;
                clear_op<=#2 0;
                state<=#2 0;
                end
            end
        endcase
        end
```
// 下面的代码采用组合逻辑判断当前输入的 MAC 地址与有效表项中的 MAC 地址是否一致
```
always @(*)begin
    hit0=(hit_mac==ram_dout_0_reg[63:16])& ram_dout_0_reg[79];
    hit1=(hit_mac==ram_dout_1_reg[63:16])& ram_dout_0_reg[79];
    end
assign item_valid0=ram_dout_0_reg[79];
assign item_valid1=ram_dout_1_reg[79];
assign live_time0=ram_dout_0_reg[73:64];
assign live_time1=ram_dout_1_reg[73:64];
assign not_outlive_0=(live_time0>0)?1:0;
assign not_outlive_1=(live_time1>0)?1:0;
```
// 哈希桶 0 的表项存储器
```
sram_w80_d1k  u_sram_0 (
    .clka(clk),                // input clka
    .wea(ram_wr_0),            // input [0:0] wea
    .addra(ram_addr_0),        // input [9:0] addra
    .dina(ram_din_0),          // input [79:0] dina
    .douta(ram_dout_0)         // output [79:0] douta
    );
```
// 哈希桶 1 的表项存储器
```
sram_w80_d1k  u_sram_1 (
    .clka(clk),                // input clka
    .wea(ram_wr_1),            // input [0:0] wea
    .addra(ram_addr_1),        // input [9:0] addra
    .dina(ram_din_1),          // input [79:0] dina
    .douta(ram_dout_1)         // output [79:0] douta
    );
endmodule
```

　　hash_2_bucket 的测试平台较为复杂，在编写前应梳理需要进行哪些仿真测试，以下是需要进行仿真的基本内容。

　　（1）地址学习功能，验证能否正确地进行地址学习，多次针对同一哈希值添加表项，分析工作过程是否正确。

　　（2）地址查找功能，针对已经添加和添加失败的表项进行查找，分析操作是否正确。

　　（3）地址老化功能，分析地址老化操作是否正确，经过多次老化后，对失效表项进行匹配，观察是否返回 se_nak。

　　（4）对经过地址老化后未失效的表项进行生存期更新，验证生存时间值是否重回最大值。

```verilog
`timescale 1ns / 1ps
module hash_2_bucket_tb;
// Inputs
reg clk;
reg rstn;
reg se_source;
reg [47:0] se_mac;
reg [15:0] se_portmap;
reg [9:0] se_hash;
reg se_req;
reg aging_req;
// Outputs
wire se_ack;
wire se_nak;
wire [15:0] se_result;
wire aging_ack;
always #5 clk=~clk;
// Instantiate the Unit Under Test (UUT)
// 注意，为了便于进行老化分析，例化时从外部将老化参数设置为 10'd3
hash_2_bucket #(10'd3)  uut (
    .clk(clk),
    .rstn(rstn),
    .se_source(se_source),
    .se_mac(se_mac),
    .se_portmap(se_portmap),
    .se_hash(se_hash),
    .se_req(se_req),
    .se_ack(se_ack),
    .se_nak(se_nak),
    .se_result(se_result),
    .aging_req(aging_req),
    .aging_ack(aging_ack)
);

initial begin
    // Initialize Inputs
    clk=0;
    rstn=0;
    se_source=0;
    se_mac=0;
    se_portmap=0;
    se_hash=0;
    se_req=0;
    aging_req=0;

    // Wait 100 ns for global reset to finish
    #100;
```

```
        rstn=1;
        // Add stimulus here
        #20_000;            //等待表项存储器初始化完成
        // 连续三次添加具有同一哈希值的表项，前两次可以添加成功，第三次添加失败
        add_entry(48'he0e1e2e3e4e5,16'h0002,100);
        add_entry(48'hd0d1d2d3d4d5,16'h0004,100);
        add_entry(48'hc0c1c2c3c4c5,16'h0008,100);
        #100;
        // 针对上面加入的表项进行查找操作，前两次匹配成功，第三次匹配失败
        search(48'he0e1e2e3e4e5,100);
        search(48'hd0d1d2d3d4d5,100);
        search(48'hc0c1c2c3c4c5,100);
        // 连续进行 4 次老化操作
        #100;
        aging;
        #100;
        aging;
        // 对已存在的表项进行生存时间更新操作
        add_entry(48'he0e1e2e3e4e5,16'h0002,100);
        #100;
        aging;
        #100;
        aging;
        // 下面的两次查找操作，由于前面对 48'he0e1e2e3e4e5 进行了生存时间更新，因此匹配
        // 成功，而 48'hd0d1d2d3d4d5 对应的表项经过 4 次老化后已经无效，因此匹配不成功
        search(48'he0e1e2e3e4e5,100);
        search(48'hd0d1d2d3d4d5,100);
end
task add_entry;         // 用于添加表项，输入为 MAC 地址、输出端口映射位图和 MAC 地址的
                        // hash 值
input   [47:0]      mac_addr;
input   [15:0]      portmap;
input   [9:0]       hash;
begin
    repeat(1)@(posedge clk);
    #2;
    se_source=1;
    se_mac=mac_addr;
    se_portmap=portmap;
    se_hash=hash[9:0];
    se_req<=#2 1;
    while(!(se_ack | se_nak)) repeat(1)@(posedge clk);
    #2;
    se_req=0;
    se_source=0;
    end
endtask
```

```verilog
task search;              // MAC 地址查找任务，输入为 MAC 地址及其对应的 hash 值
input   [47:0]    mac_addr;
input   [9:0]     hash;
begin
    repeat(1)@(posedge clk);
    #2;
    se_source=0;
    se_mac=mac_addr;
    se_hash=hash[9:0];
    se_req<=#2 1;
    while(!(se_ack | se_nak)) repeat(1)@(posedge clk);
    #2;
    se_req=0;
    end
endtask
task aging;        // 请求进行地址老化操作
begin
    repeat(1)@(posedge clk);
    #2;
    aging_req=1;
    while(!aging_ack) repeat(1)@(posedge clk);
    #2;
    aging_req=0;
    end
endtask
endmodule
```

上面的测试代码的仿真波形如图3-7所示。在图中①~③处连续三次添加具有同一哈希值的表项，前两次可以添加成功，第三次添加失败。在图中④~⑥处是针对三次表项添加操作进行的目的MAC地址查找操作，前两次可以查找成功，第三次查找失败。这里没有给出测试代码中的老化和老化后查找操作的仿真波形，读者可自行分析。

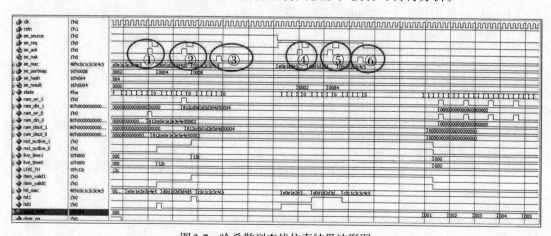

图3-7　哈希散列查找仿真结果波形图

第 4 章

数据帧合路电路和 MAC 帧处理电路设计

本章主要实现数据帧合路电路和 MAC 帧处理电路，两者的连接关系如图 4-1 所示。mac_r 电路与后级电路的接口为简单的先入先出队列，来自 4 个 mac_r 电路的数据需要在 interface_mux 电路中先进行合路，形成一路高速数据，以先入先出队列的方式和后级的 frame_process 电路进行连接。frame_process 电路对接收的以太网帧头进行解析，根据源 MAC 地址学习和目的 MAC 地址查找的要求，与 hash_2_bucket 电路进行连接。frame_process 电路根据查找的结果确定当前 MAC 帧去往哪个输出端口，然后将包含输出端口信息的数据帧发给后级电路。

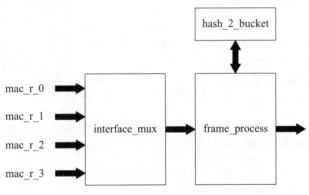

图 4-1　数据帧合路电路和 MAC 帧处理电路的连接关系

4.1　数据帧合路电路

数据帧合路电路主要对 mac_r 接收队列进行轮询，从接收队列中读取指针，根据指针读出数据帧并写入后级电路接口队列。数据帧合路电路的原理较为简单，但有两个问题需要注意，一是轮询优先级问题，二是错误帧丢弃问题。

interface_mux 电路的外部连接关系如图 4-2 所示，其端口如图 4-3 所示。它主要从 4 个 mac_r 电路的接收队列中读出数据帧，然后写入先入先出的 frame_process 电路接口队列。

数据合路电路在读取来自4个mac_r电路的数据时，可以采用不同的轮询方式，这里的轮询方式是指数据帧合路状态机查看4个接口队列的状态，并读出数据帧的具体方式。

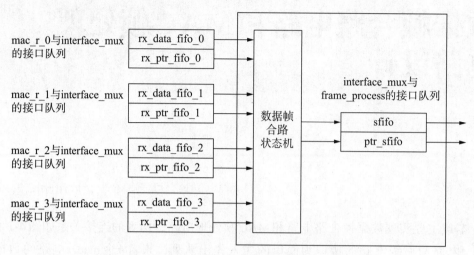

图4-2　interface_mux电路的外部连接关系

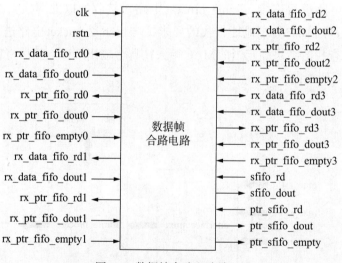

图4-3　数据帧合路电路端口图

最为常用的轮询方式包括优先级轮询和公平轮询。采用优先级轮询时，数据帧合路电路会按照固定的优先级（如mac_r_0优先级最高，mac_r_3优先级最低），依次查看各接口队列中是否有数据帧，如果高优先级的接口队列中有数据帧，则先处理高优先级的接口队列。

公平轮询是指数据帧合路电路公平对待所有接口队列，它们具有相同的优先级。此时需要使用一个公平轮询指示寄存器RR（Round Robin，公平轮询），当其为0时，如果4个接口队列至少有一个非空，则数据帧合路电路会先查看接口队列0中是否有数据帧，如果有则处理，如果没有则依次查看接口队列1、2和3中是否有数据帧。本轮处理完成后，RR的值加1并回到空闲状态。此后，数据合路电路首先查看接口队列1中是否有数据，如果有则处理，如果没有则依次查看队列 2、3 和 0 中是否有数据帧。本轮处理完成后，RR 的值由 1 增加为 2，即每完成一次数据帧接收操作后，RR 值都加 1。换句话说，每接收一个数据帧后，当前 RR 值就加 1，RR 值指出了下次优先对哪个队列进行判断。当 RR 值为 3 时，加 1 后的 RR 值返回到 0。采用这种方案时，可保证对所有接口队列公平对待。但在实际电路处理时，数据帧合路电路的处理带宽通常比 4 个以太网接收端口的总带宽大得多，各个接口队列都不会出现数据得不到及时处理的情况。例如，各个接口队列的数据到达速率均为 100 Mbit/s，而数据帧合路电路的处理带宽为 $8 \times$ clk（8 为数据位宽值，clk 为系统时钟频率），当 clk 为 100 MHz 时，处理带宽达到 800 Mbit/s，此时采用两种轮询方案都可以。在本设计中，采用的是公平轮询方式。

数据帧合路电路通过轮询发现端口 n 中的 rx_ptr_fifo_n（n 取值为 0～3）非空后，会首先从 rx_ptr_fifo_n 中读出一个指针，指针中包含当前接口队列的数据 FIFO 中相应数据帧的长度和错误指示信息。如果该帧没有错误，则 interface_mux 会根据指针中提供的数据帧长度值从当前数据 FIFO 中读出该数据帧，并将其写入 interface_mux 内部的接收队列（同时也是 interface_mux 和 frame_process 之间的接口队列）中；如果该数据帧有错误，则读出数据帧并将其丢弃。当前数据帧被写入 interface_mux 内部接收队列的数据 FIFO 之后，需要生成该数据帧的指针并写入接收队列的指针 FIFO，指针中包括当前数据帧的长度值及其输入端口映射位图。需要说明的是，interface_mux 向接收队列写入数据帧时，将其 CRC-32 校验值丢弃了，因此写入的数据帧长度比读出的数据帧长度少 4（字节）。另外，写入的指针中包括当前数据帧的输入端口映射位图，它与当前数据帧的输入端口号一一对应。例如，如果当前数据帧来自以太网交换机的端口 0，则输入端口映射位图为 4'b0001；如果来自端口 3，则输入端口映射位图为 4'b1000，此信息可供后级电路进行源 MAC 地址学习使用。

数据帧合路电路的端口定义如表 4-1 所示。

表 4-1　数据帧合路电路的端口定义

端　　口	I/O 类型	位宽/位	功　　能
clk	input	1	系统时钟
rstn	input	1	系统复位，低电平有效
rx_data_fifo_rd0	output	1	端口 0 数据 FIFO 读信号
rx_data_fifo_dout0	input	8	端口 0 数据 FIFO 输出数据
rx_ptr_fifo_rd0	output	1	端口 0 指针 FIFO 读信号
rx_ptr_fifo_dout0	input	16	端口 0 指针 FIFO 输出数据
rx_ptr_fifo_empty0	input	1	端口 0 指针 FIFO 空信号
rx_data_fifo_rd1	output	1	端口 1 数据 FIFO 读信号
rx_data_fifo_dout1	input	8	端口 1 数据 FIFO 输出数据
rx_ptr_fifo_rd1	output	1	端口 1 指针 FIFO 读信号
rx_ptr_fifo_dout1	input	16	端口 1 指针 FIFO 输出数据
rx_ptr_fifo_empty1	input	1	端口 1 指针 FIFO 空信号
rx_data_fifo_rd2	output	1	端口 2 数据 FIFO 读信号

端　口	I/O类型	位宽/位	功　能
rx_data_fifo_dout2	input	8	端口2数据FIFO输出数据
rx_ptr_fifo_rd2	output	1	端口2指针FIFO读信号
rx_ptr_fifo_dout2	input	16	端口2指针FIFO输出数据
rx_ptr_fifo_empty2	input	1	端口2指针FIFO空信号
rx_data_fifo_rd3	output	1	端口3数据FIFO读信号
rx_data_fifo_dout3	input	8	端口3数据FIFO输出数据
rx_ptr_fifo_rd3	output	1	端口3指针FIFO读信号
rx_ptr_fifo_dout3	input	16	端口3指针FIFO输出数据
rx_ptr_fifo_empty3	input	1	端口3指针FIFO空信号
sfifo_rd	input	1	数据FIFO读信号
sfifo_dout	output	8	数据FIFO输出数据
ptr_sfifo_rd	input	1	指针FIFO读信号
ptr_sfifo_dout	output	16	指针FIFO输出数据，其中各部分定义如下：[15]：1'b0；[14:11]：源端口映射位图，哪位为1表示当前数据帧来自哪个源端口；[10:0]：当前数据帧长度
ptr_sfifo_empty	output	1	指针FIFO空信号

业务合路电路的设计代码如下所示。

```verilog
`timescale 1ns / 1ps
module interface_mux(
input               clk,
input               rstn,
output              rx_data_fifo_rd0,
input      [7:0]    rx_data_fifo_dout0,
output              rx_ptr_fifo_rd0,
input      [15:0]   rx_ptr_fifo_dout0,
input               rx_ptr_fifo_empty0,
output              rx_data_fifo_rd1,
input      [7:0]    rx_data_fifo_dout1,
output              rx_ptr_fifo_rd1,
input      [15:0]   rx_ptr_fifo_dout1,
input               rx_ptr_fifo_empty1,

output              rx_data_fifo_rd2,
input      [7:0]    rx_data_fifo_dout2,
output              rx_ptr_fifo_rd2,
input      [15:0]   rx_ptr_fifo_dout2,
input               rx_ptr_fifo_empty2,

output              rx_data_fifo_rd3,
input      [7:0]    rx_data_fifo_dout3,
output              rx_ptr_fifo_rd3,
```

```verilog
input       [15:0]    rx_ptr_fifo_dout3,
input                 rx_ptr_fifo_empty3,
input                 sfifo_rd,
output      [7:0]     sfifo_dout,
input                 ptr_sfifo_rd,
output      [15:0]    ptr_sfifo_dout,
output                ptr_sfifo_empty
);
wire    [3:0]  source_portmap;     // 源端口映射位图
wire           bp;                 // 反压控制信号
reg     [3:0]  state;
reg            error;
reg            sfifo_wr;
reg     [7:0]  sfifo_din;
wire    [13:0] sfifo_cnt;
reg            ptr_sfifo_wr;
reg     [15:0] ptr_sfifo_din;
wire           ptr_sfifo_full;
wire    [15:0] rx_ptr_fifo_dout;
wire    [7:0]  rx_data_fifo_dout;
reg            rx_ptr_fifo_rd;
reg            rx_data_fifo_rd;
reg     [10:0] cnt;
reg     [1:0]  sel;                 // 输入端口选择信号
reg     [1:0]  RR;                  // Round Robin 公平轮询寄存器
always@(posedgeclk or negedge rstn) begin
    if(!rstn)begin
        state            <=#2 0;
        sfifo_wr         <=#2 0;
        ptr_sfifo_wr     <=#2 0;
        rx_ptr_fifo_rd   <=#2 0;
        rx_data_fifo_rd  <=#2 0;
        RR               <=#2 0;
        sel              <=#2 0;
        cnt              <=#2 0;
        end
    else  begin
        case(state)
        0:begin
            if(!bp) begin
                case(RR)// 实现轮询
                2'b00:begin
                    if(!rx_ptr_fifo_empty0) begin
                            sel<=#2 0; rx_ptr_fifo_rd<=#2 1;state<=#2 1;end
                    else if(!rx_ptr_fifo_empty1) begin
                            sel<=#2 1;rx_ptr_fifo_rd<=#2 1;state<=#2 1; end
                    else if(!rx_ptr_fifo_empty2) begin
```

```
                sel<=#2 2;rx_ptr_fifo_rd<=#2 1;state<=#2 1; end
          else if(!rx_ptr_fifo_empty3) begin
                sel<=#2 3;rx_ptr_fifo_rd<=#2 1;state<=#2 1; end
          end
      2'b01:begin
          if(!rx_ptr_fifo_empty1) begin
                sel<=#2 1;rx_ptr_fifo_rd<=#2 1;state<=#2 1; end
          else if(!rx_ptr_fifo_empty2)begin
                sel<=#2 2;rx_ptr_fifo_rd<=#2 1;state<=#2 1; end
          else if(!rx_ptr_fifo_empty3)begin
                sel<=#2 3;rx_ptr_fifo_rd<=#2 1;state<=#2 1; end
          else if(!rx_ptr_fifo_empty0)begin
                sel<=#2 0;rx_ptr_fifo_rd<=#2 1;state<=#2 1; end
          end
      2'b10:begin
          if(!rx_ptr_fifo_empty2) begin
                sel<=#2 2;rx_ptr_fifo_rd<=#2 1;state<=#2 1; end
          else if(!rx_ptr_fifo_empty3)begin
                sel<=#2 3;rx_ptr_fifo_rd<=#2 1;state<=#2 1; end
          else if(!rx_ptr_fifo_empty0)begin
                sel<=#2 0;rx_ptr_fifo_rd<=#2 1;state<=#2 1; end
          else if(!rx_ptr_fifo_empty1)begin
                sel<=#2 1;rx_ptr_fifo_rd<=#2 1;state<=#2 1; end
          end
      2'b11:begin
          if(!rx_ptr_fifo_empty3) begin
                sel<=#2 3;rx_ptr_fifo_rd<=#2 1;state<=#2 1; end
          else if(!rx_ptr_fifo_empty0)begin
                sel<=#2 0;rx_ptr_fifo_rd<=#2 1;state<=#2 1; end
          else if(!rx_ptr_fifo_empty1)begin
                sel<=#2 1;rx_ptr_fifo_rd<=#2 1;state<=#2 1; end
          else if(!rx_ptr_fifo_empty2)begin
                sel<=#2 2;rx_ptr_fifo_rd<=#2 1;state<=#2 1; end
          end
      endcase
      end
  end
1:begin
  if(RR==2'b11) RR<=#2 0;
  else  RR<=#2 RR+1;
  rx_ptr_fifo_rd<=#2 0;
  state<=#2 2;
  end
2:begin
  cnt<=#2 rx_ptr_fifo_dout[10:0];        // 寄存 MAC 帧长度（长度包括
                                         // CRC-32 校验值）
```

```verilog
                        // 如果 MAC 帧有错误，则将 error 寄存器置为 1
                        error<=#2 rx_ptr_fifo_dout[14]|rx_ptr_fifo_dout[15];
                        rx_data_fifo_rd<=#2 1;    // 开始读数据
                        state<=#2 3;
                        end
                3:begin
                    cnt<=#2 cnt-1;                // 每读出一次，MAC 帧长度寄存器就减 1
                    state<=#2 4;                  // 等待数据读出
                    end
                4:begin
                    if(cnt>1)cnt<=#2 cnt-1;  // 如果剩余字节数大于 1，则每循环一次，cnt 减 1
                    else  begin                   // 读最后一次，跳到状态 5，写入指针
                        cnt<=#2 0;
                        rx_data_fifo_rd<=#2 0;
                        state<=#2 5;
                        end
                    if(cnt>3) sfifo_wr<=#2 !error;
                    else sfifo_wr<=#2 0;          // CRC 校验值被丢弃
                    sfifo_din<=#2 rx_data_fifo_dout;
                    end
                5:begin
                    state<=#2 6;
                    sfifo_din<=#2 rx_data_fifo_dout;
                    ptr_sfifo_din<=#2 {1'b0,source_portmap,rx_ptr_fifo_dout[10:0]};
                    end
                6:begin
                    sfifo_wr<=#2 0;
                    ptr_sfifo_wr<=#2 !error;
                    ptr_sfifo_din<=#2 ptr_sfifo_din-4;    // 不包括 CRC 校验值
                    state<=#2 7;
                    end
                7:begin
                    ptr_sfifo_wr<=#2 0;
                    state<=#2 0;                  // 帧写入结束，回到状态 0
                    end
            endcase
            end
    end
assign    bp=(sfifo_cnt>14866)?1:ptr_sfifo_full;  // 16384-1518=14866
assign    rx_ptr_fifo_rd0=rx_ptr_fifo_rd&(sel==0);
assign    rx_ptr_fifo_rd1=rx_ptr_fifo_rd&(sel==1);
assign    rx_ptr_fifo_rd2=rx_ptr_fifo_rd&(sel==2);
assign    rx_ptr_fifo_rd3=rx_ptr_fifo_rd&(sel==3);
assign    rx_data_fifo_rd0=rx_data_fifo_rd&(sel==0);
assign    rx_data_fifo_rd1=rx_data_fifo_rd&(sel==1);
```

```verilog
    assign    rx_data_fifo_rd2=rx_data_fifo_rd&(sel==2);
    assign    rx_data_fifo_rd3=rx_data_fifo_rd&(sel==3);
    assign    rx_ptr_fifo_dout=(sel==0)?rx_ptr_fifo_dout0:
                               (sel==1)?rx_ptr_fifo_dout1:
                               (sel==2)?rx_ptr_fifo_dout2:rx_ptr_fifo_dout3;
    assign    rx_data_fifo_dout=(sel==0)?rx_data_fifo_dout0:
                               (sel==1)?rx_data_fifo_dout1:
                               (sel==2)?rx_data_fifo_dout2:rx_data_fifo_dout3;
    assign    source_portmap=(sel==0)?4'b0001:
                             (sel==1)?4'b0010:
                             (sel==2)?4'b0100:4'b1000;
sfifo_w8_d16k   u_sfifo(
    .clk(clk),
    .rst(!rstn),
    .din(sfifo_din),
    .wr_en(sfifo_wr),
    .rd_en(sfifo_rd),
    .dout(sfifo_dout),
    .full(),
    .empty(),
    .data_count(sfifo_cnt)
    );
sfifo_w16_d32   u_ptr_sfifo(
    .clk(clk),
    .rst(!rstn),
    .din(ptr_sfifo_din),
    .wr_en(ptr_sfifo_wr),
    .rd_en(ptr_sfifo_rd),
    .dout(ptr_sfifo_dout),
    .empty(ptr_sfifo_empty),
    .full(ptr_sfifo_full),
    .data_count()
    );
endmodule
```

针对数据帧合路电路的仿真分析这里没有给出，可自行设计实现。

4.2　MAC帧处理电路

合路完成以后，需要对MAC帧进行处理，提取出目的MAC地址、源MAC地址和帧类型字段，然后通过哈希散列查表电路查找到输出端口。此外，MAC帧处理电路还要通过源MAC地址学习建立和维护哈希表项。帧处理电路的端口如图4-4所示，表4-2中给出了电路接口信号的详细说明。

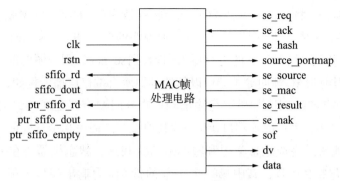

图 4-4　MAC 帧处理电路端口图

表 4-2　MAC 帧处理电路端口定义

端　口	I/O 类型	位宽/位	功　能
clk	input	1	系统时钟
rstn	input	1	系统复位
sfifo_rd	output	1	合路数据读信号
sfifo_dout	input	8	合路数据输出
ptr_sfifo_rd	output	1	合路指针读信号
ptr_sfifo_dout	input	16	合路指针输出
ptr_sfifo_empty	input	1	合路指针空信号
se_req	output	1	匹配请求
se_ack	input	1	匹配成功指示
se_nak	input	1	匹配失败指示
se_hash	output	10	待匹配 MAC 地址的哈希值
se_result	input	16	匹配结果
source_portmap	output	16	源端口映射位图
se_source	output	1	源 MAC 地址指示，指出当前待匹配的是源 MAC 地址
se_mac	output	48	待匹配的 MAC 地址
sof	output	1	帧起始信号
dv	output	1	帧有效信号
data	output	8	数据

MAC 帧处理电路主要实现以下功能。

（1）地址匹配和学习。读数据时先将前 14 字节读出并寄存，其中前 12 字节分别为目的 MAC 地址和源 MAC 地址；后 2 字节为类型字段，值为 0x0800 时表明该帧承载的是 IP 包，值为 0x0806 时表明该帧为地址解析协议（Address Resolution Protocol，ARP）帧。提取到源 MAC 地址和目的 MAC 地址后，先将 se_source 拉高，然后将源 MAC 地址赋值给 se_mac，将源端口映射位图通过 source_portmap 输出，最后将 se_req 置为 1，请求进行地址学

习。接收到se_ack后，将se_source置为0，se_req保持为1，并将目的MAC地址赋值给se_
mac，进行输出端口查找。如果收到se_ack，则说明匹配成功，将se_result赋值给egress_
portmap（存储输出端口映射位图的寄存器）；若收到se_nak，则说明匹配不成功。匹配不
成功时，需要将当前MAC帧向除源端口以外的其他所有端口广播。例如，当前MAC帧来
自以太网交换机的端口0时，如果进行输出端口查找时没有匹配成功，则egress_portmap
的值应设置为4'b1110，表示向除端口0以外的其他端口广播该MAC帧。

（2）添加本地头。完成地址学习和输出端口查找后，状态机需要在数据帧前面插入
本地头。本地头包括2字节，其中第一个字节的低4位为输出端口映射位图，高4位是
12位帧长度的高4位；第二个字节是12位帧长度的低8位。注意，此时的帧长度为来自
interface_mux的数据帧长度加2，因为增加了2字节的本地头。

（3）填充数据。为了便于后级电路的处理，交给后级电路的数据帧长度必须调整为
64字节的整数倍。如果不满足这个条件，则进行字节填充，填充的字节数不计入本地头的
长度信息中。

需要注意的是，本电路与后级电路的接口没有采用队列结构，而是使用了3个信号：
sof、dv和data。其中，sof用于指出当前帧的第一个字节，dv表示当前数据是否为有效
数据，data为当前数据。

另一个需要说明的问题是，为了简化设计，此处的哈希值直接选取了MAC地址的低
10位，没有使用哈希函数进行计算。

4.2.1　MAC帧处理电路的设计代码

以太网帧处理电路的设计代码如下所示。

```verilog
`timescale 1ns / 1ps
module frame_process(
input               clk,
input               rstn,
output  reg         sfifo_rd,
input         [7:0] sfifo_dout,
output  reg         ptr_sfifo_rd,
input        [15:0] ptr_sfifo_dout,
input               ptr_sfifo_empty,
// 与查表电路的接口
output  reg  [47:0] se_mac,
output  reg  [15:0] source_portmap,
output  reg   [9:0] se_hash,
output  reg         se_source,
output  reg         se_req,
input               se_ack,
input               se_nak,
input        [15:0] se_result,
```

```verilog
// 与后级电路的接口
output  reg                 sof,
output  reg                 dv,
output  reg    [7:0]        data
);
reg     [47:0]     source_mac;        // 源 MAC 地址寄存器
reg     [47:0]     desti_mac;         // 目的 MAC 地址寄存器
reg     [15:0]     length_type;
reg     [5:0]      state;
reg     [10:0]     cnt;
reg     [3:0]      egress_portmap;    // 输出端口映射位图
reg     [11:0]     length;
reg     [5:0]      pad_cnt;           // 数据长度补充为 64 字节整数倍时，需要补充
                                      // 的字节数
reg                broadcast;         // 广播指示寄存器
always@(posedgeclk or negedge rstn)begin
    if(!rstn)begin
        sfifo_rd          <=#2 0;
        ptr_sfifo_rd      <=#2 0;
        se_mac            <=#2 0;
        se_hash           <=#2 0;
        se_req            <=#2 0;
        source_portmap    <=#2 0;
        sof               <=#2 0;
        dv                <=#2 0;
        data              <=#2 0;
        state             <=#2 0;
        cnt               <=#2 0;
        se_source         <=#2 0;
        broadcast         <=#2 0;
        end
    else  begin
        case(state)
        0:begin
            dv<=#2 0;
            // 如果合路模块内有数据帧（指针 FIFO 非空），则读指针信号拉高，进入状态 1
            if(!ptr_sfifo_empty)begin
                ptr_sfifo_rd<=#2 1;
                state<=#2 1;
                end
            end
        1:begin
            ptr_sfifo_rd<=#2 0;        // 读指针信号持续一个时钟周期后拉低
            sfifo_rd<=#2 1;            // 读数据信号拉高
            state<=#2 2;
            end
        2:begin
```

```verilog
        cnt<=#2 ptr_sfifo_dout[10:0];                    // 寄存数据帧长度
        length<=#2 {1'b0,ptr_sfifo_dout[10:0]};  // 准备写入本地头的有效数
                                                          // 据长度

        // 寄存输入端口映射位图
        source_portmap<=#2 {12'b0,ptr_sfifo_dout[14:11]};
        state<=#2 3;
        end
// 在状态 3~16，读出源 MAC 地址、目的 MAC 地址和帧类型字段，并寄存
3:begin
        length<=#2 length+2;        // 加上 2 字节的本地头后的帧长度
        desti_mac[47:40]<=#2 sfifo_dout[7:0];
        state<=#2 4;
        end
4:begin
        pad_cnt<=#2 ~length[5:0];    // 计算需要填充的字节数
        desti_mac[39:32]<=#2 sfifo_dout[7:0];
        state<=#2 5;
        end
5:begin
        desti_mac[31:24]<=#2 sfifo_dout[7:0];
        state<=#2 6;
        end
6:begin
        desti_mac[23:16]<=#2 sfifo_dout[7:0];
        state<=#2 7;
        end
7:begin
        desti_mac[15:8]<=#2 sfifo_dout[7:0];
        state<=#2 8;
        end
8:begin
        desti_mac[7:0]<=#2 sfifo_dout[7:0];
        state<=#2 9;
        end
9:begin
        source_mac[47:40]<=#2 sfifo_dout[7:0];
        state<=#2 10;
        end
10:begin
        source_mac[39:32]<=#2 sfifo_dout[7:0];
        state<=#2 11;
        end
11:begin
        source_mac[31:24]<=#2 sfifo_dout[7:0];
        state<=#2 12;
        end
12:begin
```

```
        source_mac[23:16]<=#2 sfifo_dout[7:0];
        state<=#2 13;
        end
13:begin
        source_mac[15:8]<=#2 sfifo_dout[7:0];
        state<=#2 14;
        end
14:begin
        source_mac[7:0]<=#2 sfifo_dout[7:0];
        state<=#2 15;
        end
15:begin
        length_type[15:8]<=#2 sfifo_dout[7:0];
        sfifo_rd<=#2 0;
        state<=#2 16;
        end
16:begin
        length_type[7:0]<=#2 sfifo_dout[7:0];
        cnt<=#2 cnt-14;                  // 读出 14 字节后，cnt 值减 14
        if(desti_mac==48'hff_ff_ff_ff_ff_ff) broadcast<=#2 1;
        else broadcast<=#2 0;
        state<=#2 19;
        end
// 在状态 19～21 进行源 MAC 地址学习和目的 MAC 地址查找
19:begin
        se_source<=#2 1;                // 进行源 MAC 地址学习
        se_mac<=#2 source_mac;
        se_hash<=#2 source_mac[9:0];// 将源 MAC 地址的低 10 位作为 se_hash
        se_req<=#2 1;                   // 拉高查找请求信号
        state<=#2 20;
        end
20:begin
        if(se_ack|se_nak)begin  // 无论是否匹配成功，收到反馈后都进入下一状态
            se_source<=#2 0;
            se_hash<=#2 desti_mac[9:0];
            se_mac<=#2 desti_mac;
            state<=#2 21;
            end
        end
21:begin
        // 如果匹配成功，则拉低匹配请求信号
        if(se_ack)begin
            se_req<=#2 0;
            state<=#2 22;
            egress_portmap<=#2 se_result[3:0];
            end
```

```
    // 如果匹配不成功或当前帧为广播帧，则将当前数据帧广播到除源端口以外的其
    // 他端口
    if(se_nak | broadcast)begin
        se_req<=#2 0;
        state<=#2 22;
        egress_portmap<=#2 (source_portmap==15'd1)?4'b1110:
                           (source_portmap==15'd2)?4'b1101:
                           (source_portmap==15'd4)?4'b1011:4'b0111;
        end
    end
// 开始向后级电路发送数据帧
22:begin
    data<=#2 {length[11:8],egress_portmap[3:0]};    // 发送本地头的
                                                     // 第一个字节
    dv<=#2 1;
    sof<=#2 1;
    state<=#2 23;
    end
23:begin
    data<=#2 length[7:0];    // 发送本地头的第二个字节
    state<=#2 24;
    sof<=#2 0;
    end
// 在状态 24～38 发送数据
24:begin
    data<=#2 desti_mac[47:40];
    state<=#2 25;
    end
25:begin
    data<=#2 desti_mac[39:32];
    state<=#2 26;
    end
26:begin
    data<=#2 desti_mac[31:24];
    state<=#2 27;
    end
27:begin
    data<=#2 desti_mac[23:16];
    state<=#2 28;
    end
28:begin
    data<=#2 desti_mac[15:8];
    state<=#2 29;
    end
29:begin
    data<=#2 desti_mac[7:0];
    state<=#2 30;
```

```
        end
30:begin
    data<=#2 source_mac[47:40];
    state<=#2 31;
    end
31:begin
    data<=#2 source_mac[39:32];
    state<=#2 32;
    end
32:begin
    data<=#2 source_mac[31:24];
    state<=#2 33;
    end
33:begin
    data<=#2 source_mac[23:16];
    state<=#2 34;
    end
34:begin
    data<=#2 source_mac[15:8];
    state<=#2 35;
    end
35:begin
    data<=#2 source_mac[7:0];
    state<=#2 36;
    end
36:begin
    data<=#2 length_type[15:8];
    state<=#2 37;
    sfifo_rd<=#2 1;
    end
37:begin
    data<=#2 length_type[7:0];
    cnt<=#2 cnt-1;
    state<=#2 38;
    end
38:begin
    data<=#2 sfifo_dout;
    if(cnt>1) cnt<=#2 cnt-1;
    else begin
        cnt<=#2 0;
        sfifo_rd<=#2 0;
        state<=#2 39;
        end
    end
39: begin
    data<=#2 sfifo_dout;
    state<=#2 40;
```

```
            end
// 读出完整的以太网帧后，进入状态 40，查看是否需要发送填充字节，
// 以保证长度为 64 字节的整数倍
40:begin
    data<=#2 0;
    if(pad_cnt==6'd63)begin
        dv<=#2 0;
        state<=#2 0;            // 无须进行字节填充，回到状态 0
        end
    else begin
        data<=#2 0;
        state<=#2 41;           // 需要进行字节填充，进入状态 41
        end
    end
41:begin
    if(pad_cnt>0) begin
        data<=#2 data+1;    // 这里填充的是自定义的数据
        pad_cnt<=#2 pad_cnt-1;
        end
    else begin
        dv<=#2 0;
        state<=#2 0;
        end
    end
endcase
end
    end
endmodule
```

此处需要再次强调一下上面代码中 MAC 帧本地头的结构，它包括两个字节，第一个字节为 {length[11:8]，egress_portmap[3:0]}，第二个字节为 length[7:0]。后级电路根据本地头即可知当前 MAC 帧需要从哪些端口输出，以及当前 MAC 帧的具体长度（包括本地头）。

4.2.2　数据帧合路电路与 MAC 帧处理电路联合仿真分析

下面给出的是数据帧合路电路与 MAC 帧处理电路的联合仿真代码，实现向 MII 端口发送数据帧的过程。该仿真代码使用了两个任务（task）：send_mac0_frame 和 send_mac1_frame，分别向 MII0 和 MII1 发送数据帧，在这两个任务中构造了 MAC 数据帧，并且可以选择是否插入错误的 CRC 校验值，以检测数据帧处理模块是否可以丢弃存在 CRC 校验错误的数据帧。

```
`timescale 1ns / 1ps
module interface_test;
reg        clk;
reg        rstn;
```

```verilog
reg     [31:0]  fcs=32'h1234_5678;        // 仿真时此处无须计算校验值，可以插入固定值
reg             bp;
wire            sof;
wire            dv;
wire    [7:0]   data;
wire    [47:0]  se_mac;
wire            se_req;
wire            se_ack;
wire    [9:0]   se_hash;
wire    [15:0]  source_portmap;
wire    [15:0]  se_result;
wire            se_nak;
wire            se_source;
wire            sfifo_rd;
wire    [7:0]   sfifo_dout;
wire            ptr_sfifo_rd;
wire    [15:0]  ptr_sfifo_dout;
wire            ptr_sfifo_empty;
wire            emac0_rx_data_fifo_rd;
wire    [7:0]   emac0_rx_data_fifo_dout;
wire            emac0_rx_ptr_fifo_rd;
wire    [15:0]  emac0_rx_ptr_fifo_dout;
wire            emac0_rx_ptr_fifo_empty;
reg             emac0_rx_data_fifo_wr;
reg     [7:0]   emac0_rx_data_fifo_din;
reg             emac0_rx_ptr_fifo_wr;
reg     [15:0]  emac0_rx_ptr_fifo_din;
wire            emac1_rx_data_fifo_rd;
wire    [7:0]   emac1_rx_data_fifo_dout;
wire            emac1_rx_ptr_fifo_rd;
wire    [15:0]  emac1_rx_ptr_fifo_dout;
wire            emac1_rx_ptr_fifo_empty;
reg             emac1_rx_data_fifo_wr;
reg     [7:0]   emac1_rx_data_fifo_din;
reg             emac1_rx_ptr_fifo_wr;
reg     [15:0]  emac1_rx_ptr_fifo_din;
always #5clk=~clk;
initial  begin
    rstn<=0;
    clk<=0;
    bp<=0;
    emac0_rx_data_fifo_wr=0;
    emac0_rx_data_fifo_din=0;
    emac0_rx_ptr_fifo_wr=0;
    emac0_rx_ptr_fifo_din=0;
    emac1_rx_data_fifo_wr=0;
    emac1_rx_data_fifo_din=0;
```

```
            emac1_rx_ptr_fifo_wr=0;
            emac1_rx_ptr_fifo_din=0;
            #2;
            repeat(5)@(posedge clk);
            rstn=1;
            repeat(3)@(posedge clk);
            write0_frame(
                        11'd100,
                        48'hf0f1f2f3f4f5,
                        48'he0e1e2e3e4e5,
                        16'h0800,
                        1'b0,
                        1'b0
                        );
            repeat(20)@(posedge clk);
            write1_frame(
                        11'd100,
                        48'he0e1e2e3e4e5,
                        48'hf0f1f2f3f4f5,
                        16'h0800,
                        1'b0,
                        1'b0
                        );
            repeat(5)@(posedge clk);
            write1_frame(
                        11'd100,
                        48'he0e1e2e3e4e5,
                        48'hf0f1f2f3f4f5,
                        16'h0800,
                        1'b1,              // 在数据帧中插入错误的 CRC 校验值
                        1'b0
                        );
        end

// 模拟 mac_r_0 向接收队列中写入数据帧及对应的指针
task write0_frame;
input    [10:0] length;           // 测试帧长度, 不包括 CRC 校验值
input    [47:0] da;               // 目的 MAC 地址
input    [47:0] sa;               // 源 MAC 地址
input    [15:0] len_type;         // 帧类型字段
input           crc_error;        // CRC 校验错误指示信号
input           length_error;     // 长度错误指示信号
integer         i;
begin
    for(i=0;i<length;i=i+1)begin
        emac0_rx_data_fifo_wr<=1;
        //emac head
```

```
            if      (i==0) emac0_rx_data_fifo_din=da[47:40];
            else if (i==1) emac0_rx_data_fifo_din=da[39:32];
            else if (i==2) emac0_rx_data_fifo_din=da[31:24];
            else if (i==3) emac0_rx_data_fifo_din=da[23:16];
            else if (i==4) emac0_rx_data_fifo_din=da[15:8];
            else if (i==5) emac0_rx_data_fifo_din=da[7:0];
            else if (i==6) emac0_rx_data_fifo_din=sa[47:40];
            else if (i==7) emac0_rx_data_fifo_din=sa[39:32];
            else if (i==8) emac0_rx_data_fifo_din=sa[31:24];
            else if (i==9) emac0_rx_data_fifo_din=sa[23:16];
            else if (i==10) emac0_rx_data_fifo_din=sa[15:8];
            else if (i==11) emac0_rx_data_fifo_din=sa[7:0];
            else if (i==12) emac0_rx_data_fifo_din=len_type[15:8];
            else if (i==13) emac0_rx_data_fifo_din=len_type[7:0];
            else emac0_rx_data_fifo_din=i;
            repeat(1)@(posedge clk);
            end
        emac0_rx_data_fifo_din=fcs[31:24];
        repeat(1)@(posedge clk);
        emac0_rx_data_fifo_din=fcs[23:16];
        repeat(1)@(posedge clk);
        emac0_rx_data_fifo_din=fcs[15:8];
        repeat(1)@(posedge clk);
        emac0_rx_data_fifo_din=fcs[7:0];
        repeat(1)@(posedge clk);
        emac0_rx_data_fifo_wr=0;
        // 数据写入结束，开始写入指针
        emac0_rx_ptr_fifo_wr=1;
        length=length+4;                // 将 CRC 校验值插入
        emac0_rx_ptr_fifo_din={crc_error,length_error,3'b0,length[10:0]};
        repeat(1)@(posedge clk);
        emac0_rx_ptr_fifo_wr=0;
        end
endtask

// 模拟 mac_r_1 向接收队列中写入数据帧及对应的指针
task write1_frame;
input    [10:0] length;              // 测试帧长度
input    [47:0] da;                  // 目的 MAC 地址
input    [47:0] sa;                  // 源 MAC 地址
input    [15:0] len_type;            // 帧类型字段
input           crc_error;           // CRC 校验错误指示信号
input           length_error;        // 长度错误指示信号
integer         i;
begin
    for(i=0;i<length;i=i+1)begin
        emac1_rx_data_fifo_wr<=1;
```

```verilog
      //emac head
      if        (i==0)  emac1_rx_data_fifo_din=da[47:40];
      else if (i==1)  emac1_rx_data_fifo_din=da[39:32];
      else if (i==2)  emac1_rx_data_fifo_din=da[31:24];
      else if (i==3)  emac1_rx_data_fifo_din=da[23:16];
      else if (i==4)  emac1_rx_data_fifo_din=da[15:8];
      else if (i==5)  emac1_rx_data_fifo_din=da[7:0];
      else if (i==6)  emac1_rx_data_fifo_din=sa[47:40];
      else if (i==7)  emac1_rx_data_fifo_din=sa[39:32];
      else if (i==8)  emac1_rx_data_fifo_din=sa[31:24];
      else if (i==9)  emac1_rx_data_fifo_din=sa[23:16];
      else if (i==10) emac1_rx_data_fifo_din=sa[15:8];
      else if (i==11) emac1_rx_data_fifo_din=sa[7:0];
      else if (i==12) emac1_rx_data_fifo_din=len_type[15:8];
      else if (i==13) emac1_rx_data_fifo_din=len_type[7:0];
      else emac1_rx_data_fifo_din=i;
      repeat(1)@(posedge clk);
      end
   emac1_rx_data_fifo_din=fcs[31:24];
   repeat(1)@(posedge clk);
   emac1_rx_data_fifo_din=fcs[23:16];
   repeat(1)@(posedge clk);
   emac1_rx_data_fifo_din=fcs[15:8];
   repeat(1)@(posedge clk);
   emac1_rx_data_fifo_din=fcs[7:0];
   repeat(1)@(posedge clk);
   emac1_rx_data_fifo_wr=0;
   // 数据写入结束，开始写入指针
   emac1_rx_ptr_fifo_wr=1;
   length=length+4;
   emac1_rx_ptr_fifo_din={crc_error,length_error,3'b0,length[10:0]};
   repeat(1)@(posedge clk);
   emac1_rx_ptr_fifo_wr=0;
   end
endtask
interface_mux  u_interface_mux(
   .clk(clk),
   .rstn(rstn),
   .rx_data_fifo_dout0(emac0_rx_data_fifo_dout),
   .rx_data_fifo_rd0(emac0_rx_data_fifo_rd),
   .rx_ptr_fifo_dout0(emac0_rx_ptr_fifo_dout),
   .rx_ptr_fifo_rd0(emac0_rx_ptr_fifo_rd),
   .rx_ptr_fifo_empty0(emac0_rx_ptr_fifo_empty),
   .rx_data_fifo_dout1(emac1_rx_data_fifo_dout),
   .rx_data_fifo_rd1(emac1_rx_data_fifo_rd),
   .rx_ptr_fifo_dout1(emac1_rx_ptr_fifo_dout),
   .rx_ptr_fifo_rd1(emac1_rx_ptr_fifo_rd),
```

```
        .rx_ptr_fifo_empty1(emac1_rx_ptr_fifo_empty),
        // 仿真分析时，为了简化测试代码，只模拟了向 mac_r_0 和 mac_r_1 内部的接收队列写入
        // MAC 帧，并将 interface_mux 与 mac_r_2 和 mac_r_3 之间的信号置为无效值
        .rx_data_fifo_dout2(8'b0),
        .rx_data_fifo_rd2(),
        .rx_ptr_fifo_dout2(16'b0),
        .rx_ptr_fifo_rd2(),
        .rx_ptr_fifo_empty2(1'b1),
        .rx_data_fifo_dout3(8'b0),
        .rx_data_fifo_rd3(),
        .rx_ptr_fifo_dout3(16'b0),
        .rx_ptr_fifo_rd3(),
        .rx_ptr_fifo_empty3(1'b1),
        // 与 frame_process 的接口信号
        .sfifo_rd(sfifo_rd),
        .sfifo_dout(sfifo_dout),
        .ptr_sfifo_rd(ptr_sfifo_rd),
        .ptr_sfifo_dout(ptr_sfifo_dout),
        .ptr_sfifo_empty(ptr_sfifo_empty)
        );
    frame_process  u_frame_process(
        .clk(clk),
        .rstn(rstn),
        .sfifo_dout(sfifo_dout),
        .sfifo_rd(sfifo_rd),
        .ptr_sfifo_rd(ptr_sfifo_rd),
        .ptr_sfifo_empty(ptr_sfifo_empty),
        .ptr_sfifo_dout(ptr_sfifo_dout),
        .sof(sof),
        .dv(dv),
        .data(data),
        .se_mac(se_mac),
        .se_req(se_req),
        .se_ack(se_ack),
        .source_portmap(source_portmap),
        .se_result(se_result),
        .se_nak(se_nak),
        .se_source(se_source),
        .se_hash(se_hash)
        );
    hash_2_bucket  u_hash(
        .clk(clk),
        .rstn(rstn),
        .se_req(se_req),
        .se_ack(se_ack),
        .se_hash(se_hash),
        .se_portmap(source_portmap),
```

```
        .se_source(se_source),
        .se_result(se_result),
        .se_nak(se_nak),
        .se_mac(se_mac),
        .aging_req(1'b0),                        // 这里没有考虑老化问题
        .aging_ack()
        );

// 例化两个 FIFO，仿真分析时分别当成 mac_r_0 内部接口队列的数据 FIFO 和指针 FIFO
afifo_w8_d4k   u0_data_fifo (
        .rst(!rstn),                     // input rst
        .wr_clk(clk),                    // input wr_clk
        .rd_clk(clk),                    // input rd_clk
        .din(emac0_rx_data_fifo_din),    // input [7:0] din
        .wr_en(emac0_rx_data_fifo_wr),   // input wr_en
        .rd_en(emac0_rx_data_fifo_rd),   // input rd_en
        .dout(emac0_rx_data_fifo_dout),  // output [7:0] dout
        .full(),                         // output full
        .empty(),                        // output empty
        .rd_data_count(),                // output [11:0] rd_data_count
        .wr_data_count()                 // output [11:0] wr_data_count
        );

afifo_w16_d32   u0_ptr_fifo (
        .rst(!rstn),                     // input rst
        .wr_clk(clk),                    // input wr_clk
        .rd_clk(clk),                    // input rd_clk
        .din(emac0_rx_ptr_fifo_din),     // input [15:0] din
        .wr_en(emac0_rx_ptr_fifo_wr),    // input wr_en
        .rd_en(emac0_rx_ptr_fifo_rd),    // input rd_en
        .dout(emac0_rx_ptr_fifo_dout),   // output [15:0] dout
        .full(),                         // output full
        .empty(emac0_rx_ptr_fifo_empty)  // output empty
        );

// 例化两个 FIFO，仿真分析时分别当成 mac_r_1 内部接口队列的数据 FIFO 和指针 FIFO
afifo_w8_d4k   u1_data_fifo (
        .rst(!rstn),                     // input rst
        .wr_clk(clk),                    // input wr_clk
        .rd_clk(clk),                    // input rd_clk
        .din(emac1_rx_data_fifo_din),    // input [7:0] din
        .wr_en(emac1_rx_data_fifo_wr),   // input wr_en
        .rd_en(emac1_rx_data_fifo_rd),   // input rd_en
        .dout(emac1_rx_data_fifo_dout),  // output [7:0] dout
        .full(),                         // output full
        .empty(),                        // output empty
        .rd_data_count(),                // output [11:0] rd_data_count
        .wr_data_count(),                // output [11:0] wr_data_count
```

```
    );
afifo_w16_d32  u1_ptr_fifo (
    .rst(!rstn),                       // input rst
    .wr_clk(clk),                      // input wr_clk
    .rd_clk(clk),                      // input rd_clk
    .din(emac1_rx_ptr_fifo_din),       // input [15:0] din
    .wr_en(emac1_rx_ptr_fifo_wr),      // input wr_en
    .rd_en(emac1_rx_ptr_fifo_rd),      // input rd_en
    .dout(emac1_rx_ptr_fifo_dout),     // output [15:0] dout
    .full(),                           // output full
    .empty(emac1_rx_ptr_fifo_empty)    // output empty
    );
endmodule
```

图 4-5 所示为查找过程仿真波形，可以看出，图中①处 se_source 为 1，说明待匹配的为源 MAC 地址，此时正在执行自动学习功能，哈希散列查表电路会学习到源 MAC 地址及其对应的输入端口，哈希散列查表电路中会添加包括 MAC 地址 48'he0e1e2e3e4e5 及其输出端口映射位图 4'b0001 的表项。后面将此 MAC 地址作为目的 MAC 地址查找时，就会查到对应的输出端口。图中②处 se_source 为 0，说明待匹配的为目的 MAC 地址，可以看到查找失败。如果查找目的 MAC 地址失败，则将该数据帧广播出去，即数据帧的输出端口为除源端口以外的所有端口。在图中③处可以看出，源端口 source_portmap 为 1，所以匹配失败后的输出端口为 4'he，即 4'b1110。

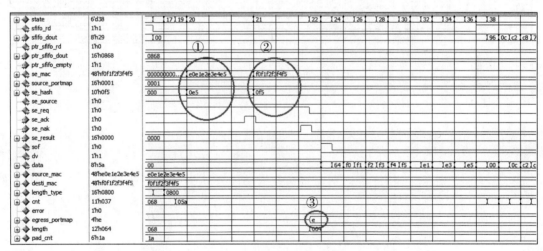

图 4-5　查找过程仿真波形

在上面仿真的基础上，发送目的 MAC 地址为 48'he0e1e2e3e4e5 的 MAC 帧，通过仿真波形可看到 egress_portmap 值为 4'b0001（见图 4-6），图中椭圆内的就是目的 MAC 地址和最终的查找结果。

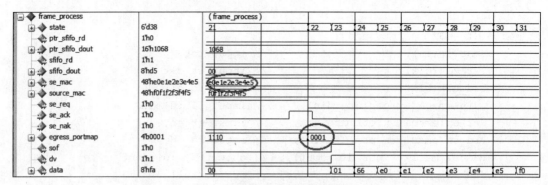

图4-6　查找成功时的仿真波形

图4-7所示为地址查找完成后，向后级电路发送数据帧的仿真波形。在图中①处，将sof拉高表明开始发送数据帧，当前数据是该帧的第一个字节，将dv拉高表明data上是有效数据，然后每个时钟周期发送1字节。为方便后续模块操作，将数据帧填充为64字节的整数倍，图中②处为MAC帧发送完成后进行字节填充时，pad_cnt计数值连续变化的仿真波形。

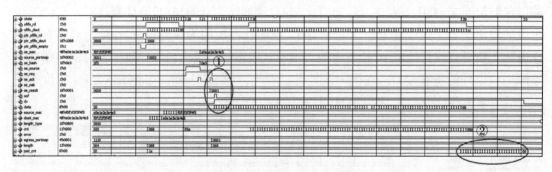

图4-7　向后级电路发送数据帧

第 5 章

以太网交换机版本 1

本章首先介绍了以太网交换机版本 1（又称为 v1 版以太网交换机）的整体电路结构，给出了其中简易队列管理器的设计代码；然后分析了实现 v1 版以太网交换机时应该考虑的系统时钟生成和系统复位问题；最后给出了 v1 版以太网交换机的顶层设计代码，并进行了基本的仿真分析。本章的目的是帮助读者熟悉具有一定规模的数字系统的设计和仿真分析过程。本章所实现的 v1 版以太网交换机可以在 FPGA 开发板上具体实现，此时 FPGA 开发板可以连接多台计算机，在计算机之间进行数据交换。

5.1 简易队列管理器的设计

本章所设计的 v1 版以太网交换机的电路结构如图 5-1 所示，它与图 1-12 相同，除了 qm0 ~ qm3，其他电路在前面章节已经进行了设计和仿真分析。frame_process 电路根据 MAC 帧的目的 MAC 地址进行查表操作，获得输出端口映射位图，将其加入 MAC 帧的本地头中，然后将带有本地头的 MAC 帧同时输出给 4 个队列管理器（queue manager，qm）电路 qm0、qm1、qm2 和 qm3。队列管理器是交换机类设备中常用的电路。本章中的队列管理器（qm）的内部结构很简单，与 mac_r 中的接收队列非常相似，都采用简单的先入先出队列结构（称为 qm 的接收队列，或 mac_t 接口队列），由一个 data_fifo 和一个 ptr_fifo 构成，如图 5-2 所示。第 7 章设计实现的是采用链表结构的队列管理器，用于实现以太网交换机版本 2，两个版本的以太网交换机的主要区别在于队列管理器的结构不同。需要说明的是，为了简化设计，两个版本的以太网交换机中都没有进行地址老化。

在图 5-2 中，队列管理器（qm）有一个输入端口 port_id，其位宽为 4 位。在图 5-1 所示的 v1 版以太网交换机中，qm0 ~ qm3 的 port_id 的值分别设置为 4'b0001、4'b0010、4'b0100 和 4'b1000。frame_process 的输出端口 sof、data 和 dv 同时连接 qm0 ~ qm3 的相应输入端口。当 frame_process 发送数据帧时，每个 qm 都会在发现 sof 为 1 时，将当前的 data[3:0]（此时其为本地头中的 portmap[3:0]）和自己的 port_id 按位相与，如果结果不为 0，则表示该

qm需要接收当前MAC帧，否则不接收当前MAC帧。例如，当sof为1时，data[3:0]值为 4'b0111，那么qm0将4'b0001与4'b0111相与，结果为4'b0001，其不为0，所以qm0会接收该数据帧并将其写入内部的接收队列中。类似地，qm1和qm2也会接收该MAC帧，但 qm3不会接收该MAC帧。

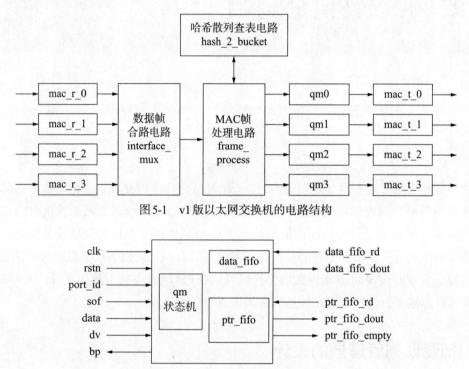

图5-1　v1版以太网交换机的电路结构

图5-2　简易队列管理器电路的结构

5.1.1　简易队列管理器的Verilog设计代码

队列管理器接收来自frame_process的MAC帧，检查其本地头中的portmap，判断该 MAC帧是否要被写入内部的接收队列。需要注意的是，除了检查portmap，队列管理器还要查看内部的接收队列是否产生了反压，只有当接收队列的指针FIFO非满，从而数据 FIFO可以接收一个最大MAC帧时，队列管理器才会将当前MAC帧写入接收队列。

下面是队列管理器（qm）的设计代码，qm的端口功能非常简单，这里没有单独给出它们的具体定义。

```verilog
`timescale 1ns / 1ps
module qm(
input           clk,
input           rstn,
input   [3:0]   port_id, // 当前 qm 对应输出端口的映射位图，如 4'b0001 表示当
                         // 前 qm 对应的是输出端口 0
input           sof,
input           dv,
```

```
input     [7:0]       data,
output               bp,

input                data_fifo_rd,
output    [7:0]      data_fifo_dout,
input                ptr_fifo_rd,
output    [15:0]     ptr_fifo_dout,
output               ptr_fifo_empty
);
reg                  data_fifo_wr;
reg       [7:0]      data_fifo_din;
reg       [7:0]      data_fifo_din_0;
reg                  ptr_fifo_wr;
reg       [15:0]     ptr_fifo_din;
reg       [2:0]      state;
reg       [11:0]     cnt;
reg       [11:0]     length;
wire      [11:0]     data_depth;
wire                 ptr_fifo_full;
always@(posedgeclk or negedge rstn)begin
    if(!rstn)begin
        data_fifo_wr<=#2 0;
        data_fifo_din<=#2 0;
        ptr_fifo_wr<=#2 0;
        ptr_fifo_din<=#2 0;
        state<=#2 0;
        cnt<=#2 0;
        end
    else begin
        data_fifo_din<=#2 data;
        case(state)
        0:begin
            if(sof)begin        // sof 为 1 表示当前 data 上输入的是 MAC 帧本地头的第
                                // 一个字节，data[3:0] 为 portmap
                if(port_id[3:0]& data[3:0]&!bp) begin
                    data_fifo_wr<=#2 0;
                    state<=#2 1;
                    length[11:8]<=#2 data[7:4];      // 寄存数据帧长度的高 4 位
                    end
                else state<=#2 0;
                end
            end
        1:begin
            length[7:0]<=#2 data[7:0];  // 寄存数据帧长度的低 8 位
            cnt<=#2 2;                          // 本地头为 2 字节，计入已接收字节数计数器
            state<=#2 2;
            end
```

```
          2:begin
              // 接收的数据长度大于或等于实际数据长度时, 停止写入, 因为后面是无用的填
              // 充数据
              if(cnt>=length)data_fifo_wr<=#2 0;
              else data_fifo_wr<=#2 1;
              if(!dv)begin                    // 数据有效信号为 0 时, 进入下一状态
                  state<=#2 3;
                  data_fifo_wr<=#2 0;
                  cnt<=#2 0;
                  end
              else cnt<=#2 cnt+1;             // 每接收 1 字节数据, cnt 加 1
              end
          3:begin      // 完成指针的写入
              ptr_fifo_wr<=#2 1;
              ptr_fifo_din<=#2 {4'b0,length[11:0]}-2;  // 将数据长度写入指针,
                                                        // 去除了本地头长度
              state<=#2 4;
              end
          4:begin// 写指针信号拉低后, 回到状态 0
              ptr_fifo_wr<=#2 0;
              state<=#2 0;
              end
          endcase
          end
      end
// 剩余数据深度小于 1518 或者指针 FIFO 写满时, 将反压信号拉高
assign   bp=(data_depth>2578)?1:ptr_fifo_full;
sfifo_w8_d4k    qm_data_fifo(
    .clk(clk),
    .rst(!rstn),
    .din(data_fifo_din),
    .wr_en(data_fifo_wr),
    .rd_en(data_fifo_rd),
    .dout(data_fifo_dout),
    .full(),
    .empty(),
    .data_count(data_depth)
    );
sfifo_w16_d32   qm_ptr_fifo(
    .clk(clk),
    .rst(!rstn),
    .din(ptr_fifo_din),
    .wr_en(ptr_fifo_wr),
    .rd_en(ptr_fifo_rd),
    .dout(ptr_fifo_dout),
    .empty(ptr_fifo_empty),
    .full(ptr_fifo_full),
    .data_count()
```

```
    );
endmodule
```

5.1.2　简易队列管理器的仿真分析

这里没有给出队列管理器的testbench，图5-3和图5-4直接给出了队列管理器仿真波形图1和队列管理器仿真波形图2，二者分别是开始接收一个数据帧时的仿真波形和完成当前数据帧有效数据写入时的仿真波形。如图5-3所示，当收到sof信号后，队列管理器开始接收数据。length中存储的是数据帧长度。从图5-3中①处可以看出，data传输的前2字节为8'h01和8'h32，根据本地头的结构可知length值为12'h032。cnt为字节计数器，如图5-3所示，收到sof信号后，每对data_fifo进行一次写操作，cnt值就自动加1。

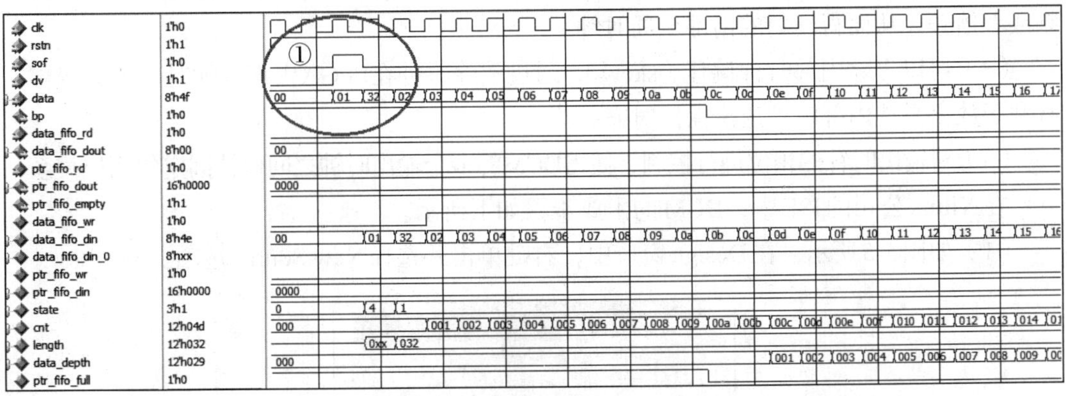

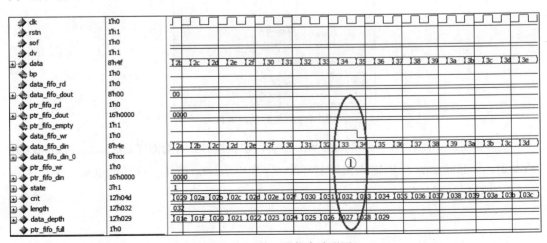

图5-3　队列管理器仿真波形图1

从图5-4中①处可以看出，当队列管理器接收并写入data_fifo中的字节数不小于当前数据帧长度时（即 cnt ≥ length），不再向队列管理器中写入数据，data_fifo_wr置为0，因为之后的是无用的填充数据，丢弃即可。

图5-4　队列管理器仿真波形图2

5.2　系统时钟与系统复位问题

5.2.1　系统时钟生成

对于任何数字系统，其工作时钟都是一个需要认真对待的问题。一般的数字系统都会选择一个片外晶体振荡器作为时钟源，也可以将外部时钟芯片输出的时钟作为时钟源。例如，很多数字系统会选择一个 50 MHz、100 MHz 或者 200 MHz 的时钟作为外部时钟源。在 FPGA 内部，通常会使用锁相环（Phase Locked Loop，PLL）或者时钟管理电路，基于外部时钟源生成一个或多个所需频率的内部时钟。例如，Xilinx 公司的 FPGA 中通常带有数字时钟管理器（Digital Clock Manager，DCM），DCM 的主要功能如下所述。

（1）可以分频/倍频，生成所需的 FPGA 内部工作时钟。DCM 可以将输入时钟进行分频或者倍频，从而得到新的内部全局时钟。

（2）可以去除内部时钟偏移（skew），通过消除时钟在 FPGA 内部分配时产生的偏移，有利于数字系统内部时钟边沿保持对齐。

（3）对输出时钟的相位进行控制，使得 DCM 的多个输出时钟之间保持固定的相位关系。

在 Xilinx 公司的 ISE 中，DCM 的生成步骤如下所示。

（1）如图 5-5 所示，在 Design 窗口中，右键单击并选择 New Source 选项。

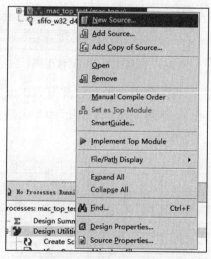

图 5-5　添加新的源文件

（2）如图 5-6 所示，在 New Source Wizard 窗口中，选择 IP (CORE Generator & Architecture Wizard)，在 File name 栏中输入文件名 "dcm" 并单击 Next 按钮。这里的 dcm 是用户为待生成的 DCM 起的名字。

图 5-6　新建 DCM IP 核步骤 1

（3）在 Select IP（选择 IP 类型）对话框中，如图 5-7 所示，依次点开 FPGA Features and Design 和 Clocking 旁边的 "+" 号并选中 Clocking Wizard，之后单击 Next 按钮，打开如图 5-8 所示的 Clocking Wizard 页面，即 DCM 的第 1 个配置页面，ISE 默认选中 CLK_OUT1 和 LOCKED 这两个信号，用户后续可以根据自己的需求添加输出时钟信号。在 Input Clock Information 部分可以设定输入时钟为单端信号，频率为 50 MHz（本例中的外部时钟源）。在图 5-8 中还有与抖动（jitter）处理有关的选项，选择默认设置即可。

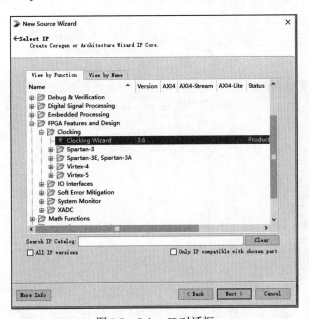

图 5-7　Select IP 对话框

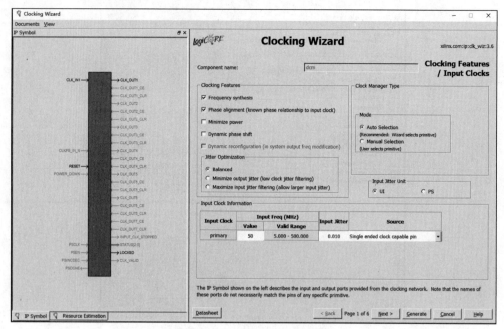

图 5-8　DCM 的第 1 个配置页面

（4）单击 Next 按钮，出现图 5-9 所示的 DCM 的第 2 个配置页面，这里可以设置多个输出时钟，我们设置了一个 100 MHz 的时钟，它将作为 FPGA 内部系统工作时钟。需要注意的是，这时选择了 BUFG 选项，表示 DCM 输出的 100 MHz 时钟连接了 FPGA 内部的全局时钟驱动器（Global Buffer，BUFG）。此后的四个窗口中均选择默认设置，最后出现 DCM 的第 6 个配置页面，即 Core Summary 页面，如图 5-10 所示，单击 Generate 按钮以生成所需的 IP 核。

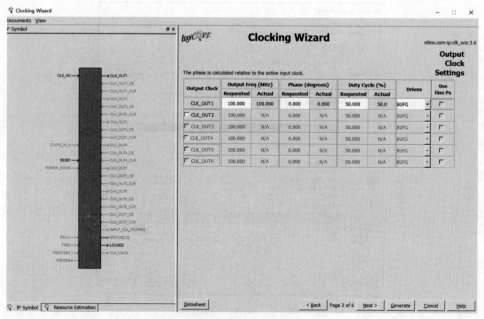

图 5-9　DCM 的第 2 个配置页面

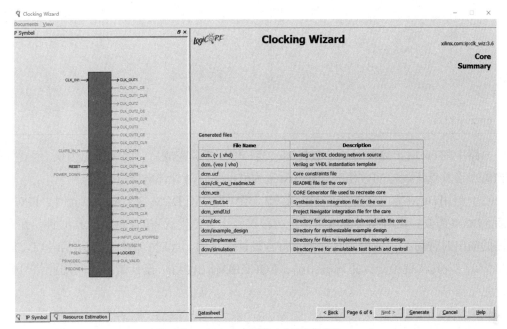

图 5-10　DCM 的第 6 个配置页面

（5）经过上述步骤，即可在源文件窗口中看到 dcm，接下来就可以在设计中调用它了。

5.2.2　典型系统复位电路

系统复位电路是工程设计中需要认真考虑的。复位电路可以确保所设计的电路处于正确的初始状态，特别是电路中的状态机和寄存器都需要在复位时具有特定的初始值或初始状态，否则电路将无法正常工作。下面对 FPGA 电路中常用的复位方式进行介绍。

（1）采用 FPGA 外部复位电路。有的 FPGA 平台会设计专用的外部复位电路，在系统上电时对 FPGA 进行复位。由于 FPGA 存在上电加载过程，这种外部复位在使用时需要对复位时间进行控制，以确保 FPGA 完成加载，进入正常工作状态后有效复位。

（2）设计内部计数复位电路。另一个常用的复位方式是在 FPGA 内部设计复位电路。由于 FPGA 完成加载后会将内部所有寄存器清零，因此可以对此加以利用，即利用一个计数器产生内部复位信号。同样，此时需要根据电路的具体特点对复位时间进行控制。下面是一个内部上电复位电路的例子。

```
module  rstn(
input    clk,              // 50 MHz 时钟输入
output   reg    sys_rst_n  // 系统全局同步复位信号，低电平有效
);
reg    [22:0] cnt;
always@(posedge clk) begin
    if(cnt< 23'd50_0000) begin  // 此数值用于控制延迟，应确保 FPGA 内部稳定后复位仍有效
        cnt<=cnt+1'b1;
        sys_rst_n<=1'b0;
```

```
        end
    else begin
        cnt<=cnt;
        sys_rst_n<=1'b1;
        end
    end
endmodule
```

电路中的cnt用于复位时长计数控制，当FPGA加载完成后，其初始值为0，因此无须赋初值。当其低于设定的数值时，sys_rst_n为低电平，对外部电路进行复位。

（3）利用DCM等电路的锁定指示信号。当电路中有DCM这类电路单元时，FPGA上电后，DCM需要一段时间对输入时钟进行跟踪锁定，产生所需的FPGA工作时钟。在产生所需的输出时钟前，其输出的时钟是不符合设计要求的，此时它的锁定指示信号LOCKED输出为0，当其实现锁定，正确输出后，LOCKED输出为1。设计者可以利用此信号作为系统复位信号。

5.3 v1版以太网交换机的设计与实现

ethernet_switch_v1是要实现的v1版以太网交换机，具有4个百兆位端口，可以实现计算机之间的数据交换。基于前面各章节实现的单元电路，这里设计了ethernet_switch_v1的顶层设计文件top_switch.v。从图5-11中的顶层文件可以清楚地看到前面设计的各个电路模块。

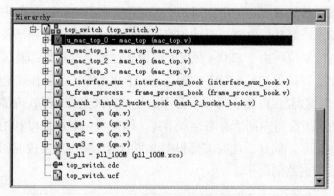

图5-11 设计文件层次结构图

```
`timescale 1ns / 1ps
module top_switch(
// 外部时钟源
input              sys_clk,
// mac0 与外部 PHY 芯片的接口
input   [3:0]      MII_RXD_0,
input              MII_RX_DV_0,
```

```
input                   MII_RX_CLK_0,
input                   MII_RX_ER_0,
output      [3:0]       MII_TXD_0,
output                  MII_TX_EN_0,
input                   MII_TX_CLK_0,
output                  MII_TX_ER_0,
output                  phy_rstn_0,        // 给外部 PHY 芯片的复位信号，下同
// mac1 与外部 PHY 芯片的接口
input       [3:0]       MII_RXD_1,
input                   MII_RX_DV_1,
input                   MII_RX_CLK_1,
input                   MII_RX_ER_1,
output      [3:0]       MII_TXD_1,
output                  MII_TX_EN_1,
input                   MII_TX_CLK_1,
output                  MII_TX_ER_1,
output                  phy_rstn_1,
// mac2 与外部 PHY 芯片的接口
input       [3:0]       MII_RXD_2,
input                   MII_RX_DV_2,
input                   MII_RX_CLK_2,
input                   MII_RX_ER_2,
output      [3:0]       MII_TXD_2,
output                  MII_TX_EN_2,
input                   MII_TX_CLK_2,
output                  MII_TX_ER_2,
output                  phy_rstn_2,
// mac3 与外部 PHY 芯片的接口
input       [3:0]       MII_RXD_3,
input                   MII_RX_DV_3,
input                   MII_RX_CLK_3,
input                   MII_RX_ER_3,
output      [3:0]       MII_TXD_3,
output                  MII_TX_EN_3,
input                   MII_TX_CLK_3,
output                  MII_TX_ER_3,
output                  phy_rstn_3
);
wire                    emac0_tx_data_fifo_rd;
wire        [7:0]       emac0_tx_data_fifo_dout;
wire                    emac0_tx_ptr_fifo_rd;
wire        [15:0]      emac0_tx_ptr_fifo_dout;
wire                    emac0_tx_ptr_fifo_empty;
wire                    emac0_rx_data_fifo_rd;
wire        [7:0]       emac0_rx_data_fifo_dout;
wire                    emac0_rx_ptr_fifo_rd;
wire        [15:0]      emac0_rx_ptr_fifo_dout;
```

```verilog
wire                     emac0_rx_ptr_fifo_empty;
wire                     emac1_tx_data_fifo_rd;
wire       [7:0]         emac1_tx_data_fifo_dout;
wire                     emac1_tx_ptr_fifo_rd;
wire       [15:0]        emac1_tx_ptr_fifo_dout;
wire                     emac1_tx_ptr_fifo_empty;
wire                     emac1_rx_data_fifo_rd;
wire       [7:0]         emac1_rx_data_fifo_dout;
wire                     emac1_rx_ptr_fifo_rd;
wire       [15:0]        emac1_rx_ptr_fifo_dout;
wire                     emac1_rx_ptr_fifo_empty;
wire                     emac2_tx_data_fifo_rd;
wire       [7:0]         emac2_tx_data_fifo_dout;
wire                     emac2_tx_ptr_fifo_rd;
wire       [15:0]        emac2_tx_ptr_fifo_dout;
wire                     emac2_tx_ptr_fifo_empty;
wire                     emac2_rx_data_fifo_rd;
wire       [7:0]         emac2_rx_data_fifo_dout;
wire                     emac2_rx_ptr_fifo_rd;
wire       [15:0]        emac2_rx_ptr_fifo_dout;
wire                     emac2_rx_ptr_fifo_empty;
wire                     emac3_tx_data_fifo_rd;
wire       [7:0]         emac3_tx_data_fifo_dout;
wire                     emac3_tx_ptr_fifo_rd;
wire       [15:0]        emac3_tx_ptr_fifo_dout;
wire                     emac3_tx_ptr_fifo_empty;
wire                     emac3_rx_data_fifo_rd;
wire       [7:0]         emac3_rx_data_fifo_dout;
wire                     emac3_rx_ptr_fifo_rd;
wire       [15:0]        emac3_rx_ptr_fifo_dout;
wire                     emac3_rx_ptr_fifo_empty;
wire                     rstn;
wire                     clk;          // 由DCM产生的倍频后的系统时钟
mac_top   u_mac_top_0(
    .clk(clk),
    .rstn(rstn),
    .MII_RXD(MII_RXD_0),
    .MII_RX_DV(MII_RX_DV_0),
    .MII_RX_CLK(MII_RX_CLK_0),
    .MII_RX_ER(MII_RX_ER_0),
    .MII_TXD(MII_TXD_0),
    .MII_TX_CLK(MII_TX_CLK_0),
    .MII_TX_EN(MII_TX_EN_0),
    .MII_TX_ER(MII_TX_ER_0),
    .rx_data_fifo_rd(emac0_rx_data_fifo_rd),
    .rx_data_fifo_dout(emac0_rx_data_fifo_dout),
    .rx_ptr_fifo_rd(emac0_rx_ptr_fifo_rd),
```

```verilog
        .rx_ptr_fifo_dout(emac0_rx_ptr_fifo_dout),
        .rx_ptr_fifo_empty(emac0_rx_ptr_fifo_empty),
        .tx_data_fifo_rd(emac0_tx_data_fifo_rd),
        .tx_data_fifo_dout(emac0_tx_data_fifo_dout),
        .tx_ptr_fifo_rd(emac0_tx_ptr_fifo_rd),
        .tx_ptr_fifo_dout(emac0_tx_ptr_fifo_dout),
        .tx_ptr_fifo_empty(emac0_tx_ptr_fifo_empty)
    );        // 例化 MAC 控制器 0
mac_top   u_mac_top_1(
        .clk(clk),
        .rstn(rstn),
        .MII_RXD(MII_RXD_1),
        .MII_RX_DV(MII_RX_DV_1),
        .MII_RX_CLK(MII_RX_CLK_1),
        .MII_RX_ER(MII_RX_ER_1),
        .MII_TX_CLK(MII_TX_CLK_1),
        .MII_TXD(MII_TXD_1),
        .MII_TX_EN(MII_TX_EN_1),
        .MII_TX_ER(MII_TX_ER_1),
        .rx_data_fifo_rd(emac1_rx_data_fifo_rd),
        .rx_data_fifo_dout(emac1_rx_data_fifo_dout),
        .rx_ptr_fifo_rd(emac1_rx_ptr_fifo_rd),
        .rx_ptr_fifo_dout(emac1_rx_ptr_fifo_dout),
        .rx_ptr_fifo_empty(emac1_rx_ptr_fifo_empty),
        .tx_data_fifo_rd(emac1_tx_data_fifo_rd),
        .tx_data_fifo_dout(emac1_tx_data_fifo_dout),
        .tx_ptr_fifo_rd(emac1_tx_ptr_fifo_rd),
        .tx_ptr_fifo_dout(emac1_tx_ptr_fifo_dout),
        .tx_ptr_fifo_empty(emac1_tx_ptr_fifo_empty)
    );        // 例化 MAC 控制器 1
mac_top   u_mac_top_2(
        .clk(clk),
        .rstn(rstn),
        .MII_RXD(MII_RXD_2),
        .MII_RX_DV(MII_RX_DV_2),
        .MII_RX_CLK(MII_RX_CLK_2),
        .MII_RX_ER(MII_RX_ER_2),
        .MII_TX_CLK(MII_TX_CLK_2),
        .MII_TXD(MII_TXD_2),
        .MII_TX_EN(MII_TX_EN_2),
        .MII_TX_ER(MII_TX_ER_2),
        .rx_data_fifo_rd(emac2_rx_data_fifo_rd),
        .rx_data_fifo_dout(emac2_rx_data_fifo_dout),
        .rx_ptr_fifo_rd(emac2_rx_ptr_fifo_rd),
        .rx_ptr_fifo_dout(emac2_rx_ptr_fifo_dout),
        .rx_ptr_fifo_empty(emac2_rx_ptr_fifo_empty),
        .tx_data_fifo_rd(emac2_tx_data_fifo_rd),
```

```
        .tx_data_fifo_dout(emac2_tx_data_fifo_dout),
        .tx_ptr_fifo_rd(emac2_tx_ptr_fifo_rd),
        .tx_ptr_fifo_dout(emac2_tx_ptr_fifo_dout),
        .tx_ptr_fifo_empty(emac2_tx_ptr_fifo_empty)
        );        // 例化 MAC 控制器 2
    mac_top   u_mac_top_3(
        .clk(clk),
        .rstn(rstn),
        .MII_RXD(MII_RXD_3),
        .MII_RX_DV(MII_RX_DV_3),
        .MII_RX_CLK(MII_RX_CLK_3),
        .MII_RX_ER(MII_RX_ER_3),
        .MII_TX_CLK(MII_TX_CLK_3),
        .MII_TXD(MII_TXD_3),
        .MII_TX_EN(MII_TX_EN_3),
        .MII_TX_ER(MII_TX_ER_3),
        .rx_data_fifo_rd(emac3_rx_data_fifo_rd),
        .rx_data_fifo_dout(emac3_rx_data_fifo_dout),
        .rx_ptr_fifo_rd(emac3_rx_ptr_fifo_rd),
        .rx_ptr_fifo_dout(emac3_rx_ptr_fifo_dout),
        .rx_ptr_fifo_empty(emac3_rx_ptr_fifo_empty),
        .tx_data_fifo_rd(emac3_tx_data_fifo_rd),
        .tx_data_fifo_dout(emac3_tx_data_fifo_dout),
        .tx_ptr_fifo_rd(emac3_tx_ptr_fifo_rd),
        .tx_ptr_fifo_dout(emac3_tx_ptr_fifo_dout),
        .tx_ptr_fifo_empty(emac3_tx_ptr_fifo_empty)
        );        // 例化 MAC 控制器 3

    wire              sfifo_rd;
    wire      [7:0]   sfifo_dout;
    wire              ptr_sfifo_rd;
    wire      [15:0]  ptr_sfifo_dout;
    wire              ptr_sfifo_empty;
    interface_mux   u_interface_mux(
        .clk(clk),
        .rstn(rstn),
        .rx_data_fifo_dout0(emac0_rx_data_fifo_dout),
        .rx_data_fifo_rd0(emac0_rx_data_fifo_rd),
        .rx_ptr_fifo_dout0(emac0_rx_ptr_fifo_dout),
        .rx_ptr_fifo_rd0(emac0_rx_ptr_fifo_rd),
        .rx_ptr_fifo_empty0(emac0_rx_ptr_fifo_empty),
        .rx_data_fifo_dout1(emac1_rx_data_fifo_dout),
        .rx_data_fifo_rd1(emac1_rx_data_fifo_rd),
        .rx_ptr_fifo_dout1(emac1_rx_ptr_fifo_dout),
        .rx_ptr_fifo_rd1(emac1_rx_ptr_fifo_rd),
        .rx_ptr_fifo_empty1(emac1_rx_ptr_fifo_empty),
        .rx_data_fifo_dout2(emac2_rx_data_fifo_dout),
```

```
    .rx_data_fifo_rd2(emac2_rx_data_fifo_rd),
    .rx_ptr_fifo_dout2(emac2_rx_ptr_fifo_dout),
    .rx_ptr_fifo_rd2(emac2_rx_ptr_fifo_rd),
    .rx_ptr_fifo_empty2(emac2_rx_ptr_fifo_empty),
    .rx_data_fifo_dout3(emac3_rx_data_fifo_dout),
    .rx_data_fifo_rd3(emac3_rx_data_fifo_rd),
    .rx_ptr_fifo_dout3(emac3_rx_ptr_fifo_dout),
    .rx_ptr_fifo_rd3(emac3_rx_ptr_fifo_rd),
    .rx_ptr_fifo_empty3(emac3_rx_ptr_fifo_empty),
    .sfifo_rd(sfifo_rd),
    .sfifo_dout(sfifo_dout),
    .ptr_sfifo_rd(ptr_sfifo_rd),
    .ptr_sfifo_dout(ptr_sfifo_dout),
    .ptr_sfifo_empty(ptr_sfifo_empty)
    );        // 例化合路模块

wire            sof;
wire            dv;
wire   [7:0]    data;
wire            se_source;
wire   [47:0]   se_mac;
wire   [15:0]   source_portmap;
wire            se_req;
wire            se_ack;
wire   [15:0]   se_result;
wire   [9:0]    se_hash;
wire            se_nak;
wire            aging_req;
wire            aging_ack;

frame_process   u_frame_process(
    .clk(clk),
    .rstn(rstn),
    .sfifo_dout(sfifo_dout),
    .sfifo_rd(sfifo_rd),
    .ptr_sfifo_rd(ptr_sfifo_rd),
    .ptr_sfifo_empty(ptr_sfifo_empty),
    .ptr_sfifo_dout(ptr_sfifo_dout),
    .sof(sof),
    .dv(dv),
    .data(data),
    .se_mac(se_mac),
    .se_req(se_req),
    .se_ack(se_ack),
    .source_portmap(source_portmap),
    .se_result(se_result),
    .se_nak(se_nak),
```

```verilog
        .se_source(se_source),
        .se_hash(se_hash)
        );
    hash_2_bucket   u_hash(
        .clk(clk),
        .rstn(rstn),
        .se_req(se_req),
        .se_ack(se_ack),
        .se_hash(se_hash),
        .se_portmap(source_portmap),
        .se_source(se_source),
        .se_result(se_result),
        .se_nak(se_nak),
        .se_mac(se_mac),
        .aging_req(1'b0),
        .aging_ack()
        );
    qm   u_qm0(
        .clk(clk),
        .rstn(rstn),
        .port_id(4'b0001),         // 输出端口 0 的队列管理器
        .bp(),
        .sof(sof),
        .dv(dv),
        .data(data),
        .data_fifo_rd(emac0_tx_data_fifo_rd),
        .data_fifo_dout(emac0_tx_data_fifo_dout),
        .ptr_fifo_rd(emac0_tx_ptr_fifo_rd),
        .ptr_fifo_dout(emac0_tx_ptr_fifo_dout),
        .ptr_fifo_empty(emac0_tx_ptr_fifo_empty)
    );
    qm    u_qm1(
        .clk(clk),
        .rstn(rstn),
        .port_id(4'b0010),         // 输出端口 1 的队列管理器
        .bp(),
        .sof(sof),
        .dv(dv),
        .data(data),
        .data_fifo_rd(emac1_tx_data_fifo_rd),
        .data_fifo_dout(emac1_tx_data_fifo_dout),
        .ptr_fifo_rd(emac1_tx_ptr_fifo_rd),
        .ptr_fifo_dout(emac1_tx_ptr_fifo_dout),
        .ptr_fifo_empty(emac1_tx_ptr_fifo_empty)
        );
    qm   u_qm2(
        .clk(clk),
```

```
        .rstn(rstn),
        .port_id(4'b0100),          // 输出端口 2 的队列管理器
        .bp(),
        .sof(sof),
        .dv(dv),
        .data(data),
        .data_fifo_rd(emac2_tx_data_fifo_rd),
        .data_fifo_dout(emac2_tx_data_fifo_dout),
        .ptr_fifo_rd(emac2_tx_ptr_fifo_rd),
        .ptr_fifo_dout(emac2_tx_ptr_fifo_dout),
        .ptr_fifo_empty(emac2_tx_ptr_fifo_empty)
        );
    qm   u_qm3(
        .clk(clk),
        .rstn(rstn),
        .port_id(4'b1000),          // 输出端口 3 的队列管理器
        .bp(),
        .sof(sof),
        .dv(dv),
        .data(data),
        .data_fifo_rd(emac3_tx_data_fifo_rd),
        .data_fifo_dout(emac3_tx_data_fifo_dout),
        .ptr_fifo_rd(emac3_tx_ptr_fifo_rd),
        .ptr_fifo_dout(emac3_tx_ptr_fifo_dout),
        .ptr_fifo_empty(emac3_tx_ptr_fifo_empty)
        );
    pll_100M  U_pll(
        .CLK_IN1(sys_clk),
        .RESET(1'b0),
        .CLK_OUT1(clk),
        .CLK_OUT2(),
        .LOCKED(rstn)
        );        // 倍频产生系统时钟
assign   phy_rstn_0=1'b1;           // 给外部 PHY 芯片的复位信号固定为 1，低电平有效
assign   phy_rstn_1=1'b1;
assign   phy_rstn_2=1'b1;
assign   phy_rstn_3=1'b1;
endmodule
```

5.4　v1 版以太网交换机的系统级仿真分析

表 5-1 给出了需要针对 ethernet_switch_v1 进行的系统级仿真分析内容。实际仿真时这些仿真项是远远不够的，这里只给出典型的仿真项。

表5-1　系统级仿真分析列表

项编号	验证内容	验证方法及说明	验证结果
1	端口收发	每个端口都进行数据帧收发，要求每个端口都能正确接收和发送数据帧	可以实现
2	ARP帧学习	收到ARP帧时，应先学习后广播出去	可以实现
3	接收错误数据帧的处理	接收时检测不同类型的数据帧错误，在数据帧合路电路中将错误帧丢弃	可以实现
4	持续收发	持续收发不同长度的数据帧时，不会出现错误	可以实现

下面是仿真代码。

```
`timescale 1ns / 1ps
module  top_testbench;
// Inputs
reg        sys_clk;
reg        rstn;
reg  [3:0] MII_RXD_0;
reg        MII_RX_DV_0;
reg        MII_RX_CLK_0;
reg        MII_RX_ER_0;
reg  [3:0] MII_RXD_1;
reg        MII_RX_DV_1;
reg        MII_RX_CLK_1;
reg        MII_RX_ER_1;
reg  [3:0] MII_RXD_2;
reg        MII_RX_DV_2;
reg        MII_RX_CLK_2;
reg        MII_RX_ER_2;
reg  [3:0] MII_RXD_3;
reg        MII_RX_DV_3;
reg        MII_RX_CLK_3;
reg        MII_RX_ER_3;
reg        MII_TX_CLK_0;
reg        MII_TX_CLK_1;
reg        MII_TX_CLK_2;
reg        MII_TX_CLK_3;
// Outputs
wire [3:0] MII_TXD_0;
wire       MII_TX_EN_0;
wire       MII_TX_ER_0;
wire [3:0] MII_TXD_1;
wire       MII_TX_EN_1;
wire       MII_TX_ER_1;
wire [3:0] MII_TXD_2;
wire       MII_TX_EN_2;
wire       MII_TX_ER_2;
```

```
wire [3:0]  MII_TXD_3;
wire        MII_TX_EN_3;
wire        MII_TX_ER_3;

wire        phy_rstn_0;
wire        phy_rstn_1;
wire        phy_rstn_2;
wire        phy_rstn_3;
//CRC-32 运算所需的控制信号
reg         calc_en;
reg  [7:0]  crc_din;
reg         load_init;
reg         d_valid;
wire [31:0] crc_reg;
wire [7:0]  crc_out;
// Instantiate the Unit Under Test (UUT)
top_switch uut (
    .sys_clk(sys_clk),
    .MII_RXD_0(MII_RXD_0),
    .MII_RX_DV_0(MII_RX_DV_0),
    .MII_RX_CLK_0(MII_RX_CLK_0),
    .MII_RX_ER_0(MII_RX_ER_0),
    .MII_TXD_0(MII_TXD_0),
    .MII_TX_EN_0(MII_TX_EN_0),
    .MII_TX_CLK_0(MII_TX_CLK_0),
    .MII_TX_ER_0(MII_TX_ER_0),
    .MII_RXD_1(MII_RXD_1),
    .MII_RX_DV_1(MII_RX_DV_1),
    .MII_RX_CLK_1(MII_RX_CLK_1),
    .MII_RX_ER_1(MII_RX_ER_1),
    .MII_TXD_1(MII_TXD_1),
    .MII_TX_EN_1(MII_TX_EN_1),
    .MII_TX_CLK_1(MII_TX_CLK_1),
    .MII_TX_ER_1(MII_TX_ER_1),
    .MII_RXD_2(MII_RXD_2),
    .MII_RX_DV_2(MII_RX_DV_2),
    .MII_RX_CLK_2(MII_RX_CLK_2),
    .MII_RX_ER_2(MII_RX_ER_2),
    .MII_TXD_2(MII_TXD_2),
    .MII_TX_EN_2(MII_TX_EN_2),
    .MII_TX_CLK_2(MII_TX_CLK_2),
    .MII_TX_ER_2(MII_TX_ER_2),
    .MII_RXD_3(MII_RXD_3),
    .MII_RX_DV_3(MII_RX_DV_3),
    .MII_RX_CLK_3(MII_RX_CLK_3),
    .MII_RX_ER_3(MII_RX_ER_3),
    .MII_TXD_3(MII_TXD_3),
```

```
    .MII_TX_EN_3(MII_TX_EN_3),
    .MII_TX_CLK_3(MII_TX_CLK_3),
    .MII_TX_ER_3(MII_TX_ER_3)
);
// 生成MII接口的接收时钟和发送时钟
always begin
    #5;
    MII_RX_CLK_0=~MII_RX_CLK_0;
    MII_RX_CLK_1=~MII_RX_CLK_1;
    MII_RX_CLK_2=~MII_RX_CLK_2;
    MII_RX_CLK_3=~MII_RX_CLK_3;
    MII_TX_CLK_0=~MII_TX_CLK_0;
    MII_TX_CLK_1=~MII_TX_CLK_1;
    MII_TX_CLK_2=~MII_TX_CLK_2;
    MII_TX_CLK_3=~MII_TX_CLK_3;
    end
always #10 sys_clk=~sys_clk;
initial begin
    //Initialize Inputs
    sys_clk=0;
    rstn=0;
    MII_RXD_0=0;
    MII_RX_DV_0=0;
    MII_RX_CLK_0=0;
    MII_RX_ER_0=0;
    MII_RXD_1=0;
    MII_RX_DV_1=0;
    MII_RX_CLK_1=0;
    MII_RX_ER_1=0;
    MII_RXD_2=0;
    MII_RX_DV_2=0;
    MII_RX_CLK_2=0;
    MII_RX_ER_2=0;
    MII_RXD_3=0;
    MII_RX_DV_3=0;
    MII_RX_CLK_3=0;
    MII_RX_ER_3=0;
    MII_TX_CLK_0=0;
    MII_TX_CLK_1=0;
    MII_TX_CLK_2=0;
    MII_TX_CLK_3=0;
    repeat(10)@(posedge MII_RX_CLK_0);
    rstn=1;
    // 由于使用片内锁相环的 LOCKED 信号作为系统复位信号，其锁定需要一定时间，
    // 因此下面先等待了 150 个时钟周期，待锁定和复位完成后，再发送数据帧
    repeat(150)@(posedge MII_RX_CLK_0);
    send_mac0_frame(11'd100,48'hffffffffffff,48'he0e1e2e3e4e5,16'h0806,1'b0);
```

```
        repeat(15)@(posedge MII_RX_CLK_0);
        send_mac0_frame(11'd100,48'hf0f1f2f3f4f5,48'he0e1e2e3e4e5,16'h0800,1'b0);
        repeat(15)@(posedge MII_RX_CLK_0);
        send_mac1_frame(11'd100,48'he0e1e2e3e4e5,48'hf0f1f2f3f4f5,16'h0800,1'b0);
end
//MII 端口 0 发送数据帧任务
task send_mac0_frame;
input    [10:0]  length;        // 测试帧长度，不含 CRC-32 校验值
input    [47:0]  da;            // 目的 MAC 地址
input    [47:0]  sa;            // 源 MAC 地址
input    [15:0]  len_type;      // 帧类型字段
input            crc_error_insert;
integer          i;
reg      [7:0]   mii_din;
reg      [31:0]  fcs;
begin
    MII_RX_DV_0=0;
    MII_RXD_0=0;
    fcs=0;
    #2;
    // 初始化 CRC-32 校验运算电路
    load_init=1;
    repeat(1)@(posedge MII_RX_CLK_0);
    load_init=0;
    MII_RX_DV_0=1;
    // 发送前导码和帧开始符
    MII_RXD_0=4'h5;
    repeat(15)@(posedge MII_RX_CLK_0);
    MII_RXD_0=4'hd;
    repeat(1)@(posedge MII_RX_CLK_0);
    // 发送数据帧
    for(i=0;i<length;i=i+1)begin
        // 发送帧头
        if       (i==0)  mii_din=da[47:40];
        else if (i==1)  mii_din=da[39:32];
        else if (i==2)  mii_din=da[31:24];
        else if (i==3)  mii_din=da[23:16];
        else if (i==4)  mii_din=da[15:8];
        else if (i==5)  mii_din=da[7:0];
        else if (i==6)  mii_din=sa[47:40];
        else if (i==7)  mii_din=sa[39:32];
        else if (i==8)  mii_din=sa[31:24];
        else if (i==9)  mii_din=sa[23:16];
        else if (i==10) mii_din=sa[15:8];
        else if (i==11) mii_din=sa[7:0];
        else if (i==12) mii_din=len_type[15:8];
        else if (i==13) mii_din=len_type[7:0];
```

```verilog
        // 发送帧内的数据
        else mii_din={$random}%256;
        // 开始发送数据
        MII_RXD_0=mii_din[3:0];
        calc_en=1;
        crc_din=mii_din[7:0];
        d_valid=1;
        repeat(1)@(posedge MII_RX_CLK_0);
        d_valid=0;
        calc_en=0;
        crc_din=mii_din[7:0];
        MII_RXD_0=mii_din[7:4];
        repeat(1)@(posedge MII_RX_CLK_0);
        end
        // 发送 CRC 校验值
    d_valid=1;
    if(!crc_error_insert) crc_din=crc_out[7:0];
    else crc_din=~crc_out[7:0];
    MII_RXD_0=crc_din[3:0];
    repeat(1)@(posedge MII_RX_CLK_0);
    d_valid=0;
    MII_RXD_0=crc_din[7:4];
    repeat(1)@(posedge MII_RX_CLK_0);

    d_valid=1;
    if(!crc_error_insert) crc_din=crc_out[7:0];
    else crc_din=~crc_out[7:0];
    MII_RXD_0=crc_din[3:0];
    repeat(1)@(posedge MII_RX_CLK_0);
    d_valid=0;
    MII_RXD_0=crc_din[7:4];
    repeat(1)@(posedge MII_RX_CLK_0);

    d_valid=1;
    if(!crc_error_insert) crc_din=crc_out[7:0];
    else crc_din=~crc_out[7:0];
    MII_RXD_0=crc_din[3:0];
    repeat(1)@(posedge MII_RX_CLK_0);
    d_valid=0;
    MII_RXD_0=crc_din[7:4];
    repeat(1)@(posedge MII_RX_CLK_0);

    d_valid=1;
    if(!crc_error_insert) crc_din=crc_out[7:0];
    else crc_din=~crc_out[7:0];
    MII_RXD_0=crc_din[3:0];
    repeat(1)@(posedge MII_RX_CLK_0);
```

```
        d_valid=0;
        MII_RXD_0=crc_din[7:4];
        repeat(1)@(posedge MII_RX_CLK_0);
        MII_RX_DV_0=0;
        end
endtask
//MII 端口 1 发送数据帧的任务
task send_mac1_frame;
input    [10:0]   length;          // 测试帧长度，不含 CRC 校验值
input    [47:0]   da;              // 目的 MAC 地址
input    [47:0]   sa;              // 源 MAC 地址
input    [15:0]   len_type;        // 帧类型字段
input             crc_error_insert;
integer           i;
reg      [7:0]    mii_din;
reg      [31:0]   fcs;
begin
    MII_RX_DV_1=0;
    MII_RXD_1=0;
    fcs=0;
    #2;
    // 初始化 CRC-32 校验运算电路
    load_init=1;
    repeat(1)@(posedge MII_RX_CLK_1);
    load_init=0;
    // 发送前导码和帧开始符
    MII_RX_DV_1=1;
    MII_RXD_1=4'h5;
    repeat(15)@(posedge MII_RX_CLK_1);
    MII_RXD_1=4'hd;
    repeat(1)@(posedge MII_RX_CLK_1);
    // 发送数据帧
    for(i=0;i<length;i=i+1) begin
        // 发送帧头
        if      (i==0)  mii_din=da[47:40];
        else if (i==1)  mii_din=da[39:32];
        else if (i==2)  mii_din=da[31:24];
        else if (i==3)  mii_din=da[23:16];
        else if (i==4)  mii_din=da[15:8];
        else if (i==5)  mii_din=da[7:0];
        else if (i==6)  mii_din=sa[47:40];
        else if (i==7)  mii_din=sa[39:32];
        else if (i==8)  mii_din=sa[31:24];
        else if (i==9)  mii_din=sa[23:16];
        else if (i==10) mii_din=sa[15:8];
        else if (i==11) mii_din=sa[7:0];
        else if (i==12) mii_din=len_type[15:8];
```

```
        else if (i==13) mii_din=len_type[7:0];
        else mii_din={$random}%256;
        // 开始发送数据
        MII_RXD_1=mii_din[3:0];
        calc_en=1;
        crc_din=mii_din[7:0];
        d_valid=1;
        repeat(1)@(posedge MII_RX_CLK_1);
        d_valid=0;
        calc_en=0;
        crc_din=mii_din[7:0];
        MII_RXD_1=mii_din[7:4];
        repeat(1)@(posedge MII_RX_CLK_1);
        end
// 发送 CRC 校验值
d_valid=1;
if(!crc_error_insert) crc_din=crc_out[7:0];
else crc_din=~crc_out[7:0];
MII_RXD_1=crc_din[3:0];
repeat(1)@(posedge MII_RX_CLK_1);
d_valid=0;
MII_RXD_1=crc_din[7:4];
repeat(1)@(posedge MII_RX_CLK_1);

d_valid=1;
if(!crc_error_insert) crc_din=crc_out[7:0];
else crc_din=~crc_out[7:0];
MII_RXD_1=crc_din[3:0];
repeat(1)@(posedge MII_RX_CLK_1);
d_valid=0;
MII_RXD_1=crc_din[7:4];
repeat(1)@(posedge MII_RX_CLK_1);

d_valid=1;
if(!crc_error_insert) crc_din=crc_out[7:0];
else crc_din=~crc_out[7:0];
MII_RXD_1=crc_din[3:0];
repeat(1)@(posedge MII_RX_CLK_1);
d_valid=0;
MII_RXD_1=crc_din[7:4];
repeat(1)@(posedge MII_RX_CLK_1);

d_valid=1;
if(!crc_error_insert) crc_din=crc_out[7:0];
else crc_din=~crc_out[7:0];
MII_RXD_1=crc_din[3:0];
repeat(1)@(posedge MII_RX_CLK_1);
```

```
        d_valid=0;
        MII_RXD_1=crc_din[7:4];
        repeat(1)@(posedge MII_RX_CLK_1);
        MII_RX_DV_1=0;
        end
        endtask
// 注意，为了节约篇幅，没有给出模拟端口 2 和 3 发送数据帧的仿真任务，读者可自行编写
crc32_8023   u1_crc32_8023(
        .clk(MII_RX_CLK_0),
        .reset(!rstn),
        .d(crc_din[7:0]),
        .load_init(load_init),
        .calc(calc_en),
        .d_valid(d_valid),
        .crc_reg(crc_reg),
        .crc(crc_out)
        );
endmodule
```

前述testbench的仿真波形如图5-12所示，读者可自行分析，这里不做进一步解释。

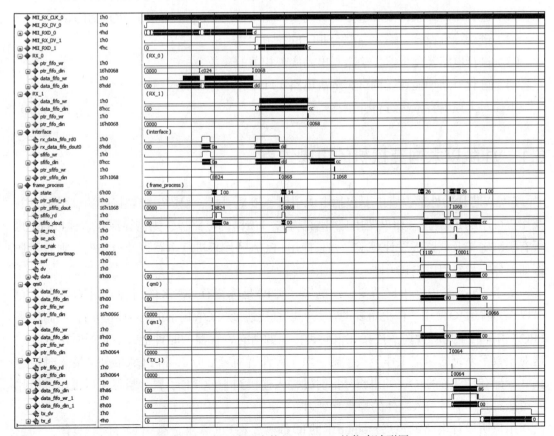

图5-12　v1版以太网交换机testbench的仿真波形图

第6章

以太网交换机版本1的综合与实现

本章重点介绍v1版以太网交换机的综合与实现流程。这部分内容在不同FPGA开发平台上的具体实现方式虽有差异，但普遍较为相似。本章重点介绍综合与实现流程中需要重点考虑的关键步骤及其原理，读者可以在开发板上进行实践。

完成v1版以太网交换机的代码设计后，需要进行以下与综合、实现相关的工作。

（1）进行用户约束，主要包括时钟约束和输入输出（Input Output，IO）引脚约束。

（2）进行综合设置，确定与综合相关的各项参数。

（3）进行电路实现设置，确定与电路实现相关的参数。

（4）进行电路功能在线调试，解决电路实际工作中存在的问题。

下面对上述内容依次进行介绍。

6.1 v1版以太网交换机的引脚约束

FPGA芯片的外部引脚主要包括电源引脚、接地引脚、配置引脚、特殊测试引脚，以及用户可用的IO引脚。如果使用FPGA芯片设计所需的电路板，则需要深入掌握FPGA的所有引脚定义及电路板设计要求，如果使用FPGA开发板进行电路设计与实现，则需要掌握如何分配和使用用户IO引脚。

对于FPGA来说，用户需要关注的第一类IO是标记有GCLK的时钟专用IO。这类IO可以作为普通IO使用，但更重要的是其可以直接连接FPGA内部的时钟驱动门，从而连接FPGA内部的全局时钟树。连接在该时钟树上的所有寄存器的时钟上升沿是同时出现的，这对于数字系统的稳定工作至关重要。对于设计者而言，应该将FPGA的外部输入时钟连接到标记有GCLK的IO。如果将外部时钟输入连接到非GCLK引脚，虽然可以工作，但此时可能对时钟信号引入额外的噪声和延迟。

用户所设计电路的顶层module中的IO都需要在FPGA上进行引脚分配。具体方式包括两种，其中一种方式是直接编辑引脚约束文本文件，此时需要遵循一些简单的语法规则。作为例子，下面是针对某开发板给出的引脚约束文件。

```
NET "sys_clk"    LOC=Y13;                        // NET 为关键字，后面是输入时钟引脚 sys_clk;
                                                 // LOC 为关键字，后面是 FPGA 的引脚 Y13
NET "sys_clk" IOSTANDARD=LVCMOS15;   // IOSTANDARD 为关键字，后面是接口电平标准
NET "phy_rstn_0"           LOC=D3;
NET "phy_rstn_1"           LOC=H14;
NET "phy_rstn_2"           LOC=AA3;
NET "phy_rstn_3"           LOC=W12;
//==================================================================
// MAC 控制器 0 的外部引脚
//==================================================================
NET "MII_RX_CLK_0"         LOC=E6;
NET "MII_RX_DV_0"          LOC=A3;
NET "MII_RXD_0[0]"         LOC=F10;
NET "MII_RXD_0[1]"         LOC=F8;
NET "MII_RXD_0[2]"         LOC=F9;
NET "MII_RXD_0[3]"         LOC=H11;

NET "MII_TX_CLK_0"         LOC=U8;
NET "MII_TX_EN_0"          LOC=R8;
NET "MII_TXD_0[0]"         LOC=G11;
NET "MII_TXD_0[1]"         LOC=T11;
NET "MII_TXD_0[2]"         LOC=U13;
NET "MII_TXD_0[3]"         LOC=G15;
//==================================================================
// MAC 控制器 1 的外部引脚
//==================================================================
NET "MII_RX_CLK_1"         LOC=H12;
NET "MII_RX_DV_1"          LOC=R9;
NET "MII_RXD_1[0]"         LOC=F7;
NET "MII_RXD_1[1]"         LOC=G9;
NET "MII_RXD_1[2]"         LOC=T7;
NET "MII_RXD_1[3]"         LOC=C5;

NET "MII_TX_CLK_1"         LOC=C4;
NET "MII_TX_EN_1"          LOC=B3;
NET "MII_TXD_1[0]"         LOC=E5;
NET "MII_TXD_1[1]"         LOC=B2;
NET "MII_TXD_1[2]"         LOC=D4;
NET "MII_TXD_1[3]"         LOC=C3;
//==================================================================
// MAC 控制器 2 的外部引脚
//==================================================================
NET "MII_RX_CLK_2"         LOC=AB6;
NET "MII_RX_DV_2"          LOC=Y6;
NET "MII_RXD_2[0]"         LOC=W8;
NET "MII_RXD_2[1]"         LOC=AB8;
NET "MII_RXD_2[2]"         LOC=AB9;
```

```
NET "MII_RXD_2[3]"        LOC=Y8;


NET "MII_TX_CLK_2"        LOC=V9;
NET "MII_TX_EN_2"         LOC=U10;
NET "MII_TXD_2[0]"        LOC=AB10;
NET "MII_TXD_2[1]"        LOC=Y10;
NET "MII_TXD_2[2]"        LOC=W11;
NET "MII_TXD_2[3]"        LOC=Y12;
//========================================================================
// MAC 控制器 3 的外部引脚
//========================================================================
NET "MII_RX_CLK_3"        LOC=AA10;
NET "MII_RX_DV_3"         LOC=T10;
NET "MII_RXD_3[0]"        LOC=AA8;
NET "MII_RXD_3[1]"        LOC=V7;
NET "MII_RXD_3[2]"        LOC=T12;
NET "MII_RXD_3[3]"        LOC=Y7;


NET "MII_TX_CLK_3"        LOC=Y11;
NET "MII_TX_EN_3"         LOC=W6;
NET "MII_TXD_3[0]"        LOC=AA6;
NET "MII_TXD_3[1]"        LOC=Y5;
NET "MII_TXD_3[2]"        LOC=AA4;
NET "MII_TXD_3[3]"        LOC=Y4;
// 外部输入时钟通过专用时钟引脚进入 FPGA 时，则可以使用 FPGA 内部的时钟信号专用布线资源
// 如果外部输入时钟没有连接 FPGA 的专用时钟引脚，则需像下面的 5 个时钟信号一样进行专门说明
NET "MII_RX_CLK_0" CLOCK_DEDICATED_ROUTE=FALSE;
NET "MII_RX_CLK_1" CLOCK_DEDICATED_ROUTE=FALSE;
NET "MII_RX_CLK_2" CLOCK_DEDICATED_ROUTE=FALSE;
NET "MII_RX_CLK_3" CLOCK_DEDICATED_ROUTE=FALSE;
NET "MII_TX_CLK_0" CLOCK_DEDICATED_ROUTE=FALSE;
```

另一种方式是通过引脚约束界面进行引脚约束。具体操作步骤如下所示。

步骤1： 在Xilinx公司ISE的Processes窗口中，按照图6-1选择进行IO约束，双击进入。

步骤2： 进入引脚约束界面，进行引脚约束。在步骤1后，会出现多个过渡界面，选择默认设置后最终进入图6-2所示的界面。此时可以看到右侧的FPGA引脚分布图，此处为xc6slx45t-fgg484型FPGA的引脚分布。将鼠标移至相应的引脚位置，可以看到每个引脚的属性。在界面的下部可以进行具体的引脚约束，这里可以看到顶层module中的所有IO。可以为每一个IO进行配置，包括位置（Site）、Bank、IO标准（I/O Std）、驱动强度（Drive Strength）、Pull Type（上拉或下拉配置）等，详细定义可以参考Xilinx公司网站上相应系列FPGA数据手册。完成对所有引脚的配置后，选择菜单命令进行保存，就可以得到一个与顶层文件同名且扩展名为".ucf"的用户约束文件，该文件将自动添加到工程中。在工程中双击该文件，可以将其打开并进行编辑。

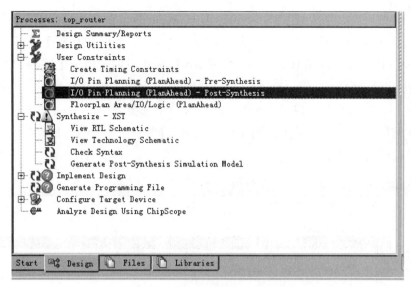

图6-1　进行IO引脚约束的选项

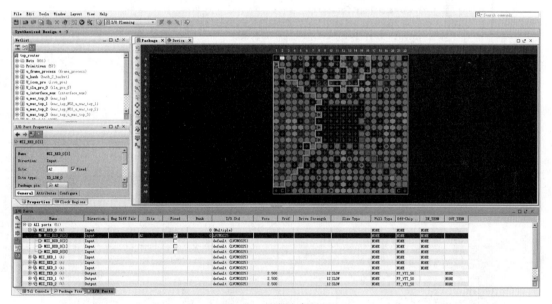

图6-2　引脚约束界面

6.2　时钟约束设置

除了引脚约束，对于系统主频较高的电路，需要进行时钟约束设置。有了时钟约束设置，综合工具就能够以时钟约束为目标进行综合，并在综合报告中给出：是否有某些电路的延迟超过了时钟约束，从而使电路无法工作在该时钟频率下。此时可能需要对电路的设计代码进行修改，以满足时钟约束。

　　进行时钟约束时，需要按照图6-3所示选中Create Timing Constraints，双击它进入时钟约束界面。时钟约束界面右下方是图6-4所示的窗口，其中包括多个外部输入时钟引脚。选中sys_clk引脚，双击它即可显示如图6-5所示的界面。由于电路板的外部输入时钟为50 MHz，因此需要在Specify time部分将Time（周期）设置为20 ns，将Rising duty cycle（时钟正脉冲占空比）设置为50%。图中有一个选项为Input jitter，它的数值与输入时钟的具体质量有关，可以根据常规的晶体振荡器设置一个典型值，如100 ps。其余外部输入时钟可以根据实际情况进行设置。

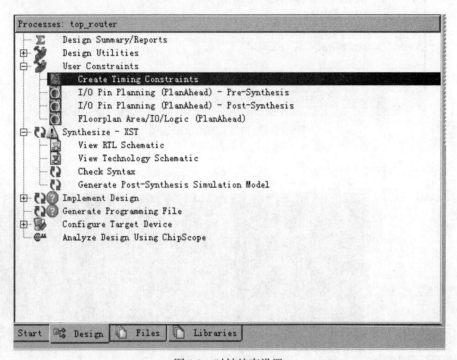

图6-3　时钟约束设置

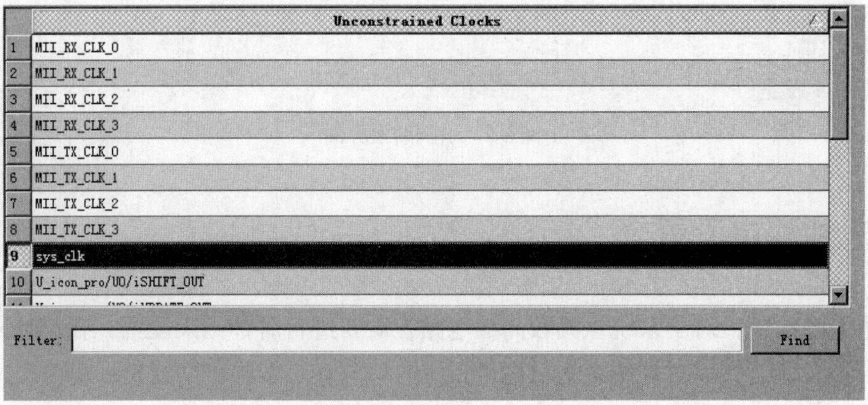

图6-4　本设计的时钟引脚

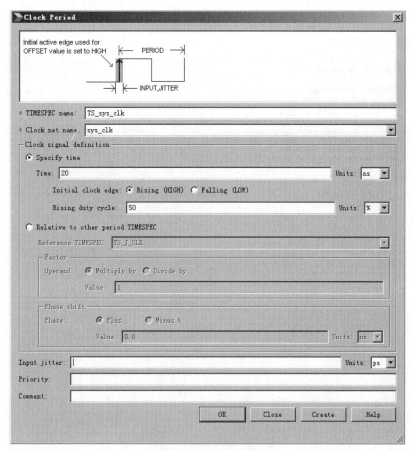

图6-5 时钟约束设置界面

完成对 sys_clk 的设置后，在原有的用户约束文件中会添加以下内容。

```
NET "sys_clk" TNM_NET=sys_clk;
TIMESPEC TS_sys_clk=PERIOD "sys_clk" 20 ns HIGH 50% INPUT_JITTER 100 ps;
```

6.3 在线调试工具 ChipScope 的使用

在完成上述过程后就可以进行设计的实现与下载了，具体的方法因所使用的开发环境而不同，这里不做进一步介绍。在完成电路的实现和 FPGA 下载后，对于 Xilinx 公司的 FPGA，可以使用在线调试工具 ChipScope 对实际运行的电路进行分析。

ChipScope 是配合 Xilinx ISE 使用的片内逻辑分析工具。它的功能是在完成 FPGA 下载后，通过联合测试工作组（Joint Test Action Group，JTAG）调试口抓取片内的信号，以提供给工程师进行分析。针对本设计，下面介绍具体配置和使用方式。

步骤 1： 创建 ChipScope 核。在 New Source Wizard 对话框选择新建一个 ChipScope 核（见图6-6），在 File name 栏中输入 top_switch，操作完成后，单击 Next 按钮，在出现的

Summary窗口中单击Finish按钮完成创建操作。此后可以在工程中看到名为top_switch.cdc的ChipScope核。

图6-6   新建ChipScope核

步骤2：设置ChipScope核。双击图6-7所示的top_switch.cdc，会弹出如图6-8所示的界面，使用默认的设置即可。需要说明的是，ChipScope是ISE中内嵌的调试工具，其自身也有多个版本，在ISE的New Source Wizard窗口（见图6-6）中虽然显示的是"ChipScope Definition and Connection File"，但进行设置时，显示的当前版本为ChipScope Pro，这并不矛盾。

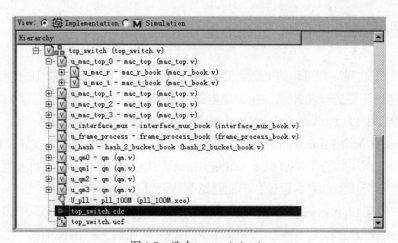

图6-7   选中top_swicth.cdc

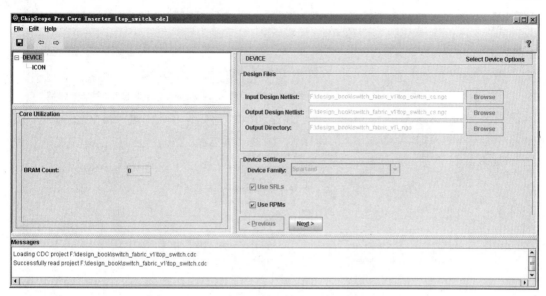

图 6-8　ChipScope Pro 输入输出设计网表配置界面

步骤 3：设置触发信号。在步骤 2 完成后单击 Next 按钮，会弹出如图 6-9 所示界面，使用默认设置即可。

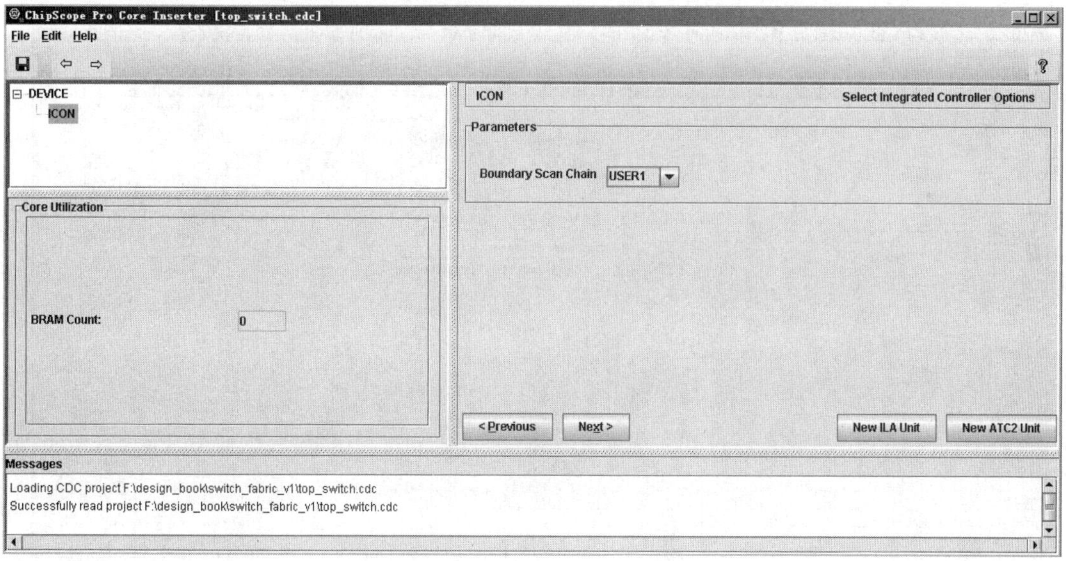

图 6-9　设置界面

继续单击 Next 按钮，会弹出如图 6-10 所示的界面。接着，设置 Number of Input Trigger Ports（触发端口数量）和 Trigger Width（触发宽度）。注意，此时最好把触发宽度设为允许的最大值 256，之后添加完信号再修改宽度，这么做是因为在复杂电路设计中，事先可能不知道要监视多少个信号，所以等确定待监视的信号后再回来修改此数值。

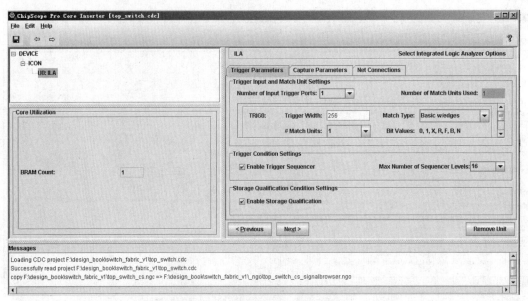

图 6-10   设置触发端口数及宽度

步骤 4： 设置 Capture Parameter（捕获参数）。步骤 3 完成之后，单击 Next 按钮即可显示 Capture Parameter 选项，如图 6-11 所示。

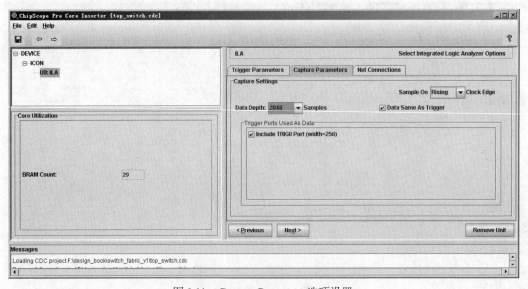

图 6-11   Capture Parameter 选项设置

这里需要说明的是，Data Depth（数据深度）指的是当满足触发条件时，存储的采样数据深度。这个值越大，存储的数据深度就越大，可以捕捉的数据量也越大，但同时占用的 FPGA 内部存储资源也越多。可以根据实际需要选取这个值。此处，我们将捕获的数据深度设为 2048。

Data Same As Trigger 选项的意思是选取的信号既可以作为触发信号，也可以作为数据信号，通常采用默认选项。

步骤 5：选择要观测的信号。在图 6-11 中，单击 Next 按钮显示出 Net Connections（信号连接）界面。

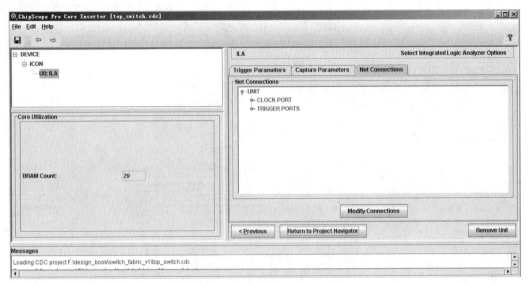

图 6-12　Net Connections 界面

双击 CLOCK PORT 选项，如图 6-13 所示，在显示的 Pattern 栏中输入 clk，然后单击 Filter 按钮开始搜索，之后选中 clk 信号，单击 Make Connections 按钮进行连接。

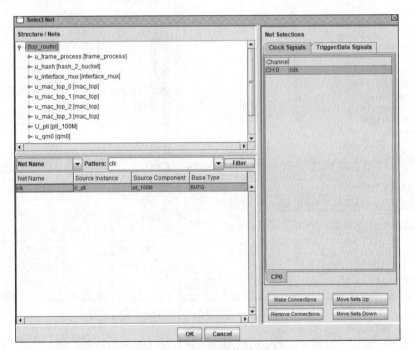

图 6-13　进行时钟信号选择

连接好时钟信号之后单击 OK 按钮，返回到 Net Connections 界面，会看到 CLOCK PORT 选项已经由红色变成了黑色（见图 6-14），表明时钟设置成功了。

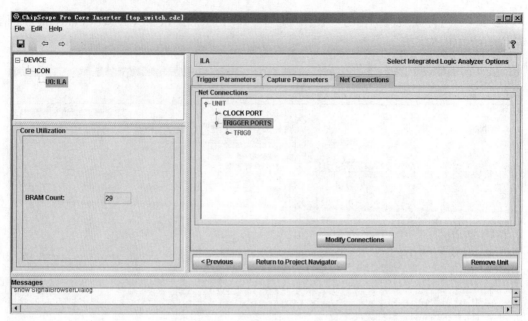

图 6-14　CLOCK PORT设置完成后的Net Connections界面

接着双击TRIGGER PORTS，在Select Net界面中选择要抓取的信号，如图6-15所示。

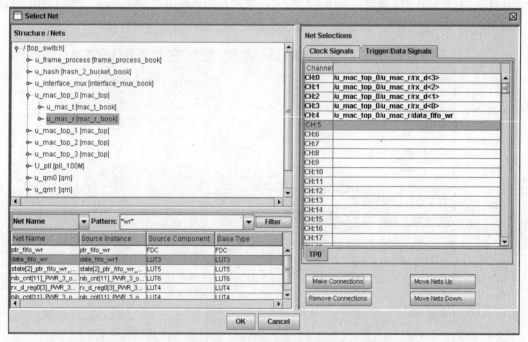

图 6-15　在Select Net界面中选择要抓取的信号

选择完要抓取的信号之后，单击OK按钮返回Net Connections界面，会看到TRIGGER PORTS还是红色的，这是因为先前设置的要抓取的信号的总宽度是256，而这里只抓取了5个信号，所以需要重新设置Trigger Parameter，这里将Trigger Width设置为5（见图6-16）。

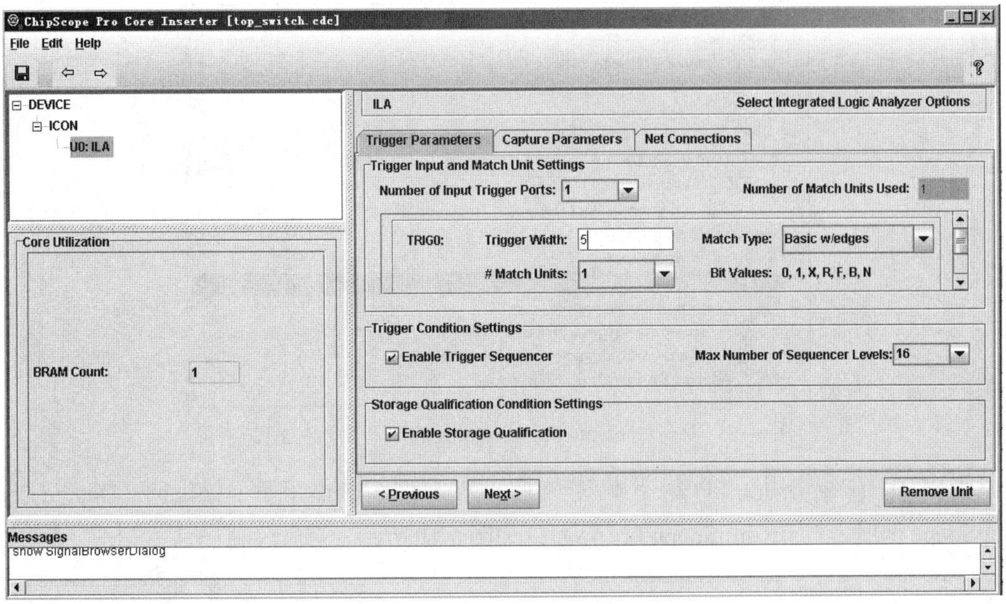

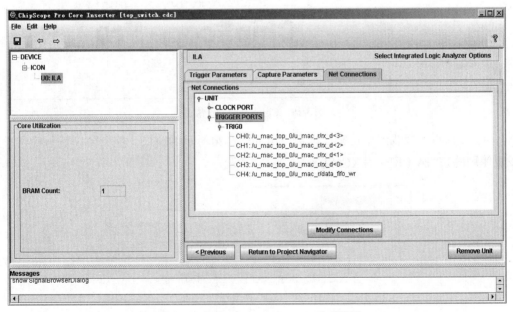

图6-16　将 Trigger Width 设置为5

设置正确的 Trigger Width 以后，再看 Net Connections 选项，会发现 TRIGGER PORTS 已经变成黑色的了，说明信号连接全部设置正确，如图6-17所示。然后单击 Return to Project Navigator 按钮。

图6-17　查看 TRIGGER PORTS 选项设置

在弹出的 Save Project 对话框中选择 Yes 按钮，至此 top_switch.cdc 核全部设置完毕。

步骤6：生成编程文件。完成设置后，双击 Generate Programming File，即可生成扩展名为 ".bit" 的文件（可以下载到 FPGA 中的编程文件），如图6-18所示。此后可以将该文件下载到 FPGA 中。

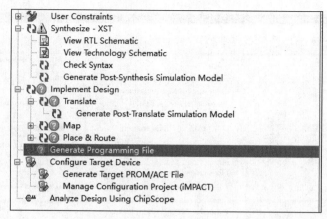

图6-18   双击Generate Programming File即可生成编程文件

步骤7：在线分析。FPGA下载完成后，双击图6-18最下面的Analyze Design Using ChipScope选项，打开ChipScope Pro界面，如图6-19所示。

图6-19   ChipScope Pro界面

如果JTAG下载线连接正常，则会弹出如图6-20所示的窗口，这个窗口表示找到了开发板使用的FPGA（型号为XC6SLX45T）。

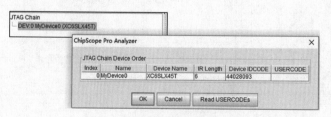

图6-20   选择待分析的FPGA

单击OK按钮，如图6-21所示，JTAG Chain中新增了所选择的FPGA。

图6-21   JTAG链芯片选择

接下来单击选中 DEV:0 MyDevice0 (XC6SLX45T)，然后右键单击并选择 Configure 选项，如图 6-22 所示。

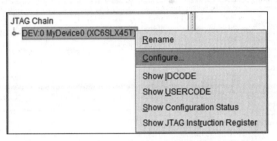

图 6-22 对 JTAG 链上的芯片进行配置的菜单

在弹出的窗口中选中 Import Design-level CDC File 和 Auto-create Buses 两个选项，如图 6-23 所示。

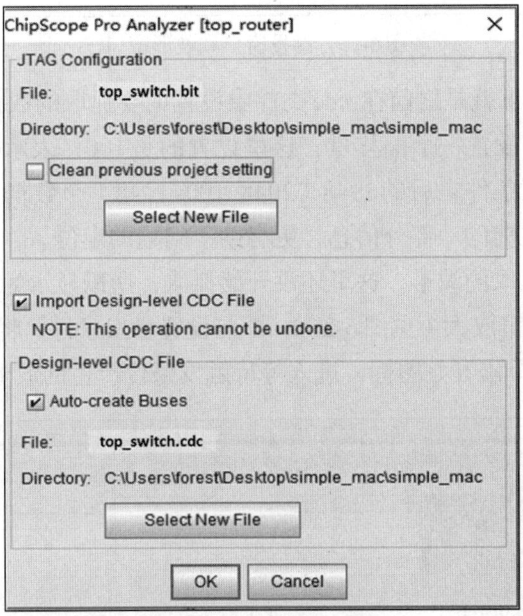

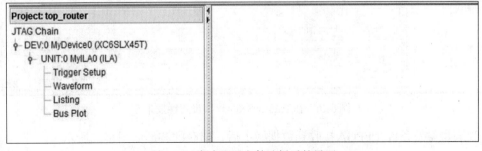

图 6-23 选择配置文件

单击 OK 按钮，即可显示图 6-24 所示界面。

图 6-24 完成配置文件选择后的界面

分别双击Trigger Setup和Waveform，打开触发窗口和波形窗口，如图6-25所示。

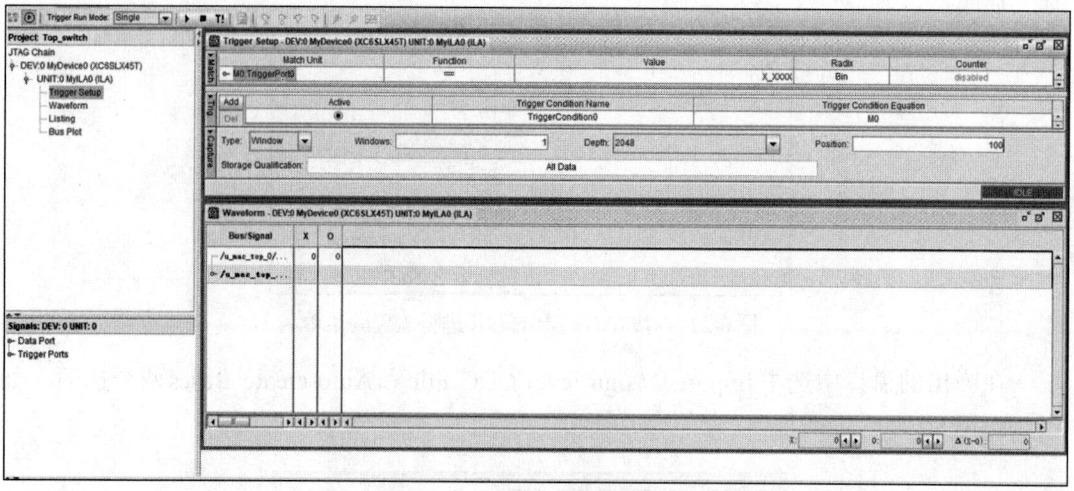

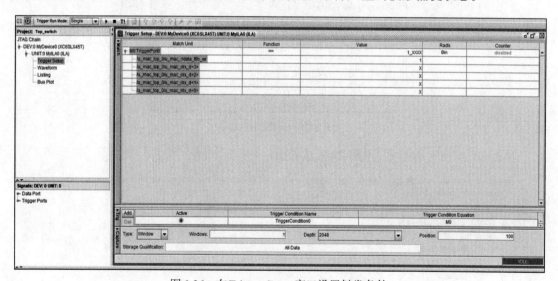

图6-25　触发窗口和波形窗口

触发窗口中的Depth就是之前在.cdc文件中设置的要抓取的数据深度，Position参数默认为0，但是建议最好设置一个偏移量，这里设置的是100，表示把满足触发条件之前的100个数据和满足触发条件之后的1948（2048-100=1948）个数据显示到波形窗口中，这样就可以捕捉到触发之前的一部分信息，更有助于问题的定位。

波形窗口可显示抓取的波形，这里还没开始抓取，所以显示为空。

将Trigger Setup窗口放大（见图6-26），即可设置触发条件，将data_fifo_wr置为1（表示高电平触发），接着单击开始图标，进入等待触发条件产生的波形捕捉状态。

图6-26　在Trigger Setup窗口设置触发条件

当满足触发条件（FPGA接收到数据帧）后，捕获的波形如图6-27所示。

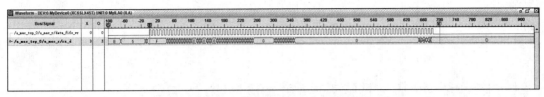

图 6-27　捕获的 FPGA 内部波形

图 6-27 中的标尺 T 代表触发的起始位置，它的位置是固定的；标尺 O 和标尺 X 是两个可移动标尺，它们两个的绝对位置以及差值均列于波形窗口的右下角（未显示在图 6-27 中）。如果需要测量两个关键点的时间差值，则可以通过拖动这两个标尺直接得到。

ChipScope 这类工具是使用 FPGA 内部资源实现的，结合专用的软件，可以根据设计者设定的条件抓取感兴趣的 FPGA 实际工作波形，对于电路实际调试非常有效。

第 7 章

基于链表的队列管理器电路

在 v1 版以太网交换机电路中，每个输出端口对应一个简单的队列管理器。优点是结构简单，不足之处在于：很多情况下，并非所有的交换机端口都同时处于工作状态，并且流量分布也是随时间变化的，这种固定的缓冲区分配方式不够灵活，缓冲区不能按需分配，缓存利用率不高，抗流量波动能力不强。为了实现用户输出数据缓冲区的动态分配，充分利用有限的片上数据缓冲资源，本章设计了采用共享数据缓冲区的基于链表的队列管理器电路。其基本原理是将共享数据缓冲区（简称为数据缓冲区）分成 64 字节的数据块，每个数据块对应一个指针。所有的可用数据指针存储在一个自由指针队列中，自由指针队列可以被读取，也可以被写入。当一个数据帧到达后，数据帧被分割成长度为 64 字节的定长内部信元（简称为信元）。通常一个数据帧的长度不是一个信元的整数倍，此时最后一个信元会填充无用数据，使之长度达到 64 字节。一个数据帧到达并分割成多个内部信元后，队列管理器电路针对每个信元，从自由指针队列中读出一个自由指针，然后根据指针所提供的地址，将该信元写入对应的数据块。由于数据帧长度不同，一个数据帧可能会占用多个数据块。一个信元写入共享数据缓冲区后，其对应的指针会加入对应的输出端口，然后以链表形式存储，构成一个先入先出队列，等待被读出。如果数据帧是多播的，相应的指针就会同时进入多个链表中。如果某个时间段内去往某个输出端口的数据量大于其输出带宽，就会造成去往该端口的数据队列长度增加，从而占用较多的数据缓冲区；某些端口业务量少，占用的数据缓冲区深度也会非常低，这样就实现了缓冲区的动态分配。我们将基于共享缓冲区的交换单元划分为 3 个电路模块，switch_pre、switch_core 和 switch_post，分别用于将数据帧分割成多个长度为 64 字节的信元，将信元存储并以链表形式构成多个逻辑队列，将一个数据帧中的信元读出，重组数据帧并提供给不同的 mac_t。

本章重点介绍 switch_pre、switch_core 和 switch_post，之后，将在第 8 章给出 v2 版以太网交换机电路，它采用了本章设计的队列管理器。

如图 7-1 所示，交换单元主要由 3 部分组成：switch_pre、switch_core 和 switch_post。交换单元采用的是基于定长信元的交换机制，这种机制实现简单，后续调度算法设计起来也相对更容易一些。

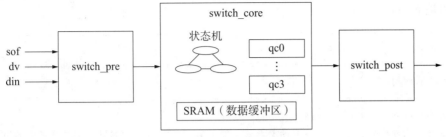

图7-1　交换单元框图

　　switch_pre从帧处理电路接收到数据帧后，主要负责对数据帧进行预处理，将数据帧切割成多个定长信元。信元到达switch_core后，被写入数据缓冲区，根据其输出端口，对应的指针进入不同的队列控制器，即图7-1中的qc0～qc3，最后由switch_post负责将独立到达的信元重新整合成完整的数据帧，并提供给后级电路。

7.1　switch_pre电路的设计

　　frame_process电路输出的数据帧包括2字节的本地头，具体结构如图7-2所示。frame_process会对数据帧进行字节填充，使其长度为64字节的整数倍。switch_pre与后级电路的接口数据位宽为128位，因为共享数据缓冲区的位宽为128位，使交换单元的交换容量可达Gbit/s量级，足以满足本设计对交换容量的需求，并可以应用于更大容量的交换机。图7-2和图7-3是进入switch_pre和从该电路输出的数据帧的结构。

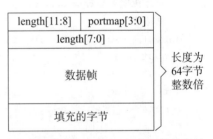

图7-2　进入switch_pre的数据帧的结构

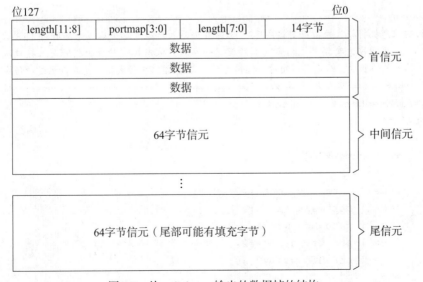

图7-3　从switch_pre输出的数据帧的结构

下面是switch_pre的具体设计代码。

```verilog
`timescale 1ns / 1ps
//=========================================================================
// 本地头结构:
// 第一个字节: frame_length[11:8],portmap[3:0];
// 第二个字节: frame_length[7:0];
// 注意,此时的帧长度为 64 字节的整数倍,但 frame_length 所给出的帧长度是实际帧长加
// 上 2(2 字节本地头)
//=========================================================================
module switch_pre(
input                   clk,
input                   rstn,
// 从 frame_process 输出的数据帧
input                   sof,
input                   dv,
input           [7:0]   din,

// 经过位宽变换后与 switch_core 电路接口的信号,采用简单队列结构,接口缓冲区位于后级
// 电路中
output  reg     [127:0] i_cell_data_fifo_dout,
output  reg             i_cell_data_fifo_wr,
output  reg     [15:0]  i_cell_ptr_fifo_dout,
output  reg             i_cell_ptr_fifo_wr,
input                   i_cell_bp
    );
// word_num 用于记录写入后级电路的 128 位数据的个数
// 将 word_num 循环右移两位,就可以得到写入后级电路的信元个数
reg     [7:0]       word_num;
reg     [4:0]       state;
reg     [3:0]       i_cell_portmap;
//=========================================================================
// 下面的状态机将接收的数据拼接成 128 位的数据写入后级电路,后级电路针对 128 位的数据进
// 行操作,可以增大交换单元的带宽。处理完一帧后,状态机将对应的指针写入接口队列,此时
// 写入的不是帧长度,而是当前帧对应的信元数。每接收 128 位数据,就向数据缓冲区中写入一次
//=========================================================================
always@(posedgeclk or negedge rstn)
    if(!rstn)
        begin
        word_num<=#2  0;
        state<=#2  0;
        i_cell_data_fifo_dout<=#2  0;
        i_cell_portmap<=#2  0;
        i_cell_data_fifo_wr<=#2  0;
        i_cell_ptr_fifo_dout<=#2  0;
        i_cell_ptr_fifo_wr<=#2  0;
        end
```

```
else begin
    i_cell_data_fifo_wr<=#2   0;
    i_cell_ptr_fifo_wr<=#2   0;
    case(state)
    0:begin
        word_num<=#2   0;
        if(sof& !i_cell_bp)begin
            i_cell_data_fifo_dout[127:120]<=#2   din;
            i_cell_portmap<=#2   din[3:0];
            state<=#2   1;
            end
        end
    1:begin
        i_cell_data_fifo_dout[119:112]<=#2   din;
        state<=#2   2;
        end
    2:begin
        i_cell_data_fifo_dout[111:104]<=#2   din;
        state<=#2   3;
        end
    3:begin
        i_cell_data_fifo_dout[103:96]<=#2   din;
        state<=#2   4;
        end
    4:begin
        i_cell_data_fifo_dout[95:88]<=#2   din;
        state<=#2   5;
        end
    5:begin
        i_cell_data_fifo_dout[87:80]<=#2   din;
        state<=#2   6;
        end
    6:begin
        i_cell_data_fifo_dout[79:72]<=#2   din;
        state<=#2   7;
        end
    7:begin
        i_cell_data_fifo_dout[71:64]<=#2   din;
        state<=#2   8;
        end
    8:begin
        i_cell_data_fifo_dout[63:56]<=#2   din;
        state<=#2   9;
        end
    9:begin
        i_cell_data_fifo_dout[55:48]<=#2   din;
        state<=#2   10;
```

```
                end
            10:begin
                i_cell_data_fifo_dout[47:40]<=#2  din;
                state<=#2  11;
                end
            11:begin
                i_cell_data_fifo_dout[39:32]<=#2  din;
                state<=#2  12;
                end
            12:begin
                i_cell_data_fifo_dout[31:24]<=#2  din;
                state<=#2  13;
                end
            13:begin
                i_cell_data_fifo_dout[23:16]<=#2  din;
                state<=#2  14;
                end
            14:begin
                i_cell_data_fifo_dout[15:8]<=#2  din;
                state<=#2  15;
                end
            15:begin
                i_cell_data_fifo_dout[7:0]<=#2  din;
                i_cell_data_fifo_wr<=#2  1;
                word_num<=#2  word_num+1;
                state<=#2  16;
                end
            16:begin
                if(dv) begin
                    i_cell_data_fifo_dout[127:120]<=#2  din;
                    state<=#2 1;
                    end
                else begin
                    i_cell_ptr_fifo_dout<=#2  {4'b0,i_cell_portmap[3:0],2'b0,word_
                                         num[7:2]};
                    i_cell_ptr_fifo_wr<=#2  1;
                    state<=#2 0;
                    end
                end
        endcase
        end
endmodule
```

　　这里不再给出电路的仿真代码。图7-4是switch_pre的数据帧处理仿真波形，数据帧长度为128字节，仿真波形由两部分组成。图7-4(a)是开始处理输入数据帧时的仿真波形。可以看出，sof为1时，对应的din为0x01，说明输出端口映射位图为4'b0001，第二个字节为 0x80，说明帧长度为 128 字节。可以看出，每接收 16 字节，就向后级电路写入一个 128 位的数据。

图 7-4(b) 是输入数据帧处理结束时的仿真波形。可以看出，处理一个长度为 128 字节的数据帧后，向后级电路写入的指针中包括本数据帧的长度信息（两个信元）和输出端口映射位图（4'b0001），二者合并后输出指针为 16'h0102。

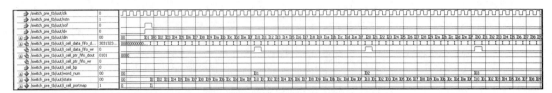

(a) 开始处理输入数据帧时的仿真波形

(b) 输入数据帧处理结束时的仿真波形

图 7-4　switch_pre 的数据帧处理仿真波形

7.2　switch_core 电路的设计

经过转发表查找的以太网帧可以获得输出端口信息，并根据输出端口信息进入相应的输出队列中。队列管理器是交换机类设备中常用的电路。v1 版以太网交换机电路中包含了简单接口队列结构，该队列结构可用于多个电路之间的接口中。这种简单的队列结构在资源利用率上并不高，例如，某个时刻去往输出端口 A 的数据量较大，可能造成缓冲区资源被用尽，发生缓冲区溢出，从而必须丢弃此后到达的数据帧；而同时某些输出端口没有数据输出，缓冲区完全处于空闲状态。这些都是由于缓冲区资源固定分配造成的。那么怎样做更有利于提高输出端口缓冲区资源利用率呢？一种较为经典的方案是使用基于链表的队列管理器，将其作为共享缓存交换单元。

7.2.1　共享缓存交换单元框图及工作流程

图 7-5 所示为共享缓存交换单元的电路框图，它是一个队列管理器，包括 4 个队列控制器（queue controller，qc）：qc0 ~ qc3。这里需要注意区分队列管理器和队列控制器的区别，队列控制器是队列管理器的重要组成部分。

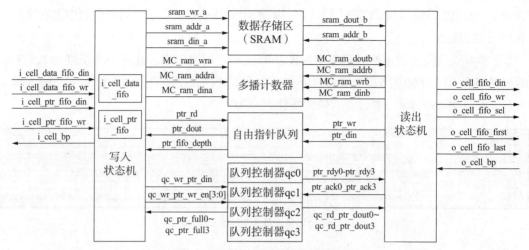

图7-5　队列管理器电路内部结构图

下面分别介绍各组成部分的功能。

（1）写入状态机。写入状态机管理着一块数据FIFO（i_cell_data_fifo）和一块指针FIFO（i_cell_ptr_fifo），二者共同构成了队列管理器（switch_core）的输入接口队列。在输入接口队列没有对前级电路（switch_pre）产生反压（i_cell_bp的输出为0）时，switch_pre可以通过端口i_cell_data_fifo_wr、i_cell_data_fifo_din、i_cell_ptr_fifo_wr和i_cell_ptr_fifo_din将由定长信元构成的数据帧及对应的指针写入输入接口队列。需要注意的是，i_cell_data_fifo_din的位宽为128位，switch_core内部也是按照这个位宽处理数据帧的，这样有利于提高switch_core的处理带宽。switch_pre写入的指针中包含其对应数据帧的输出端口映射位图以及数据帧的长度，即它是由几个信元组成的。

（2）数据存储区（SRAM）。SRAM是switch_core的数据存储区，它的容量相对较大，是switch_core的主存储区，是qc0 ~ qc3共享的。

（3）多播计数器。多播计数器由一块双端口RAM（称为多播计数值存储器）和一些寄存器构成，存储和管理着所有信元的多播计数值。多播计数器针对每个信元保存一个计数值，这个值是该信元要去往的输出端口数。例如，某信元对应的多播计数值是1，则表示该信元要去往1个输出端口；如果这个多播计数值是4，则表示该信元要去往4个输出端口。多播计数值由信元所属数据帧的输出端口映射位图决定。多播计数值存储器具有A和B两个端口。一个信元写入数据存储区后，写入状态机将其对应的多播计数值通过多播计数值存储器的A端口写入；信元从数据存储区读出后，读出状态机从B端口对相应的多播计数值进行更新。

（4）自由指针队列。在数据存储区中，每一个64字节的数据块可以存储一个信元，它对应着一个自由指针，通过自由指针可以对该数据块进行寻址。所有的可用自由指针都存储在自由指针队列中，它的核心是一块指针FIFO。当有信元需要写入时，写入状态机首先从自由指针队列中读取一个自由指针，然后依据这个指针将数据写入数据存储区。如果一个指针对应的信元被读出，并且更新后的多播计数值为0，则该指针会被写入自由指针队列。

（5）队列控制器。针对每个输出端口都有一个队列控制器。写入状态机将输入的信元写入数据存储区后，根据信元的输出端口映射位图，将该信元对应的自由指针写入对应的队列控制器。队列控制器以链表形式对指针进行管理，新写入的指针会添加到链表尾部，指针读出从链表首部开始。队列控制器对指针采用先入先出的方式进行管理。

下面举例分析队列管理器的具体操作流程。

假如switch_pre需要将一个长度为3个信元的数据帧写入队列管理器，它首先判断队列管理器输出的i_cell_bp是否为1。如果为1，则说明队列管理器内部写入状态机所管理的输入接口队列不能接收该数据帧；如果为0，则switch_pre会将3个信元写入i_cell_data_fifo，将其对应的指针写入i_cell_ptr_fifo。

写入状态机在i_cell_ptr_fifo和自由指针队列都非空时，从自由指针队列中读出一个指针，从i_cell_data_fifo中读出一个信元，将其写入自由指针所指向的数据存储区中。写入状态机需要根据信元的输出端口映射位图，将自由指针写入对应的队列控制器中。同时，写入状态机会根据该信元的输出端口映射位图中1的个数计算多播计数值，将其写入自由指针指向的多播计数值存储器。

当一个队列控制器中存储了一个完整数据帧对应的全部指针后，会通过它的输出端口通知队列管理器中的读出状态机。当同时有多个队列控制器中有完整数据帧的指针时，读出状态机会采用公平轮询的方式，从某个队列控制器中读出待发送信元的指针，然后从数据存储区中读出该指针所指向的信元，并发送给后级电路。

读出状态机将一个信元输出后，会以从队列控制器中读出的指针值为地址，从多播计数值存储器的B端口对多播计数值进行更新。若读出的计数值为1（减1后为0），则将该指针写入自由指针队列，否则将计数值减1后重新写入多播计数值存储器。

switch_core电路的端口信号及具体定义如表7-1所示。

表7-1　switch_core电路的端口定义

端　口	I/O类型	位宽/位	功　能
clk	input	1	时钟
rstn	input	1	复位信号
i_cell_data_fifo_din	input	128	数据输入，连接接口数据FIFO
i_cell_data_fifo_wr	input	1	数据写信号，连接接口数据FIFO
i_cell_ptr_fifo_din	input	16	当前数据帧对应的指针，低8位是当前数据帧对应的信元数，高8位中的低4位是输出端口映射位图，连接接口指针FIFO
i_cell_ptr_fifo_wr	input	1	当前数据帧指针写信号，连接接口指针FIFO
i_cell_bp	output	1	给前级电路的反压信号，为1时表示当前输入接口缓冲区不能接收一个最大帧
o_cell_fifo_wr	output	1	信元输出写信号，连接后级电路的数据FIFO
o_cell_fifo_sel	output	4	信元输出端口选择信号，哪位为1表示选择哪个输出端口
o_cell_fifo_din	output	128	信元数据输出，连接后级电路的数据FIFO
o_cell_first	output	1	输出首信元指示
o_cell_last	output	1	输出尾信元指示
o_cell_bp	output	4	后级4个输出端口电路给本级的反压信号

7.2.2　switch_core中的自由指针队列电路

　　数据缓冲区SRAM容量较大，是交换单元的共享缓冲区。可存储512个信元的SRAM（每个信元长度为64字节）对应着一个深度同样为512的自由指针队列，指针值为0～511。自由指针的位宽为10位（实际使用了9位，预留1位是为了便于进行缓冲区扩展），每一个自由指针对应数据SRAM中可以存储一个完整信元的存储块。在初始化过程中，将0～511写入自由指针队列。若SRAM位宽为128位，则4个128位的存储单元可以存储一个完整的信元，即一个信元在存入SRAM时会占用4个128位的存储单元。这时，除了使用自由指针，还应该在其低位上加两位计数值，取值为00～11，加在一起才是真正使用的SRAM地址。也就是说，自由指针指向的是这个信元存入SRAM时占用的数据存储块编号，将自由指针和两位计数值进行并位操作后的值作为地址时，指向的才是确切的数据存储位置。如图7-6所示，信元X由四个128位的字构成，信元X在存入SRAM时获取的自由指针值为10'd0。实际操作时，4个128位的字写入的地址的高位由指针值提供，低两位分别为00、01、10和11。需要注意的是，存储信元时使用的计数值00～11并不固定，而是与存储器位宽相关。在本电路中，SRAM中每个字的位宽为128位，那么一个64字节的信元需要分4次存入SRAM，此时的计数值为00～11；若将SRAM中每个字的位宽改为64位，一个64字节的信元则需要分8次才能完全存入，此时计数值应当改为000～111，表示一个完整的信元需要分成8次才能完全存入。

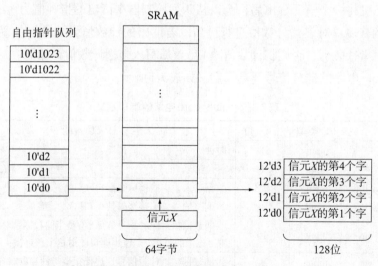

图7-6　信元存储示意图

　　无论去往哪个输出端口的数据帧，都可以存到这一共享存储区中。在某时刻，如果有大量数据帧去往某端口，则这些数据帧可能占据较大的数据缓冲区；如果没有去往某端口的数据，则该端口不会占用数据缓冲区。

　　自由指针队列本质上是一个先入先出的FIFO，用于存储SRAM的信元地址指针，自由指针队列的深度应当与其对应的信元存储区深度（即，可存储信元数）相同。

当写入状态机开始从与switch_pre接口的FIFO中读取信元时，会先从自由指针队列中读取一个自由指针，用于生成信元写入SRAM时使用的地址。在电路复位后，自由指针队列管理电路应当先对自由指针队列初始化，将所有可用的地址指针存入其中。下面是自由指针队列管理电路的代码。

```
`timescale 1ns / 1ps
module multi_user_fq(
input                   clk,
input                   rstn,

input        [15:0]     ptr_din,
input                   FQ_wr,
input                   FQ_rd,
output       [9:0]      ptr_dout_s,
output                  ptr_fifo_empty
    );
reg    [2:0]        FQ_state;
reg    [9:0]        addr_cnt;
reg    [9:0]        ptr_fifo_din;
reg                ptr_fifo_wr;
always@(posedgeclk or negedge rstn)
    if(!rstn)
        begin
        FQ_state<=#2 0;
        addr_cnt<=#2 0;
        ptr_fifo_wr<=#2 0;
        end
    else  begin
        ptr_fifo_wr<=#2 0;
        ptr_fifo_din<=#2 ptr_din[9:0];
        // 在下面的状态机中添加了几个过渡状态，等待FIFO完成复位操作
        case(FQ_state)
        0:FQ_state<=#2 1;
        1:FQ_state<=#2 2;
        2:FQ_state<=#2 3;
        3:FQ_state<=#2 4;
        // 在状态4，进行指针初始化操作，将0~511共512个指针写入
        // 指针缓冲区，这里指针的位宽为10位，最大可以支持1024个指针
        4:begin
            ptr_fifo_din<=#2 addr_cnt;
            if(addr_cnt<10'h1ff)
                addr_cnt<=#2 addr_cnt+1;
            if(ptr_fifo_din<10'h1ff)
                ptr_fifo_wr<=#2 1;
            else begin
```

```
                        FQ_state<=#2 5;
                        ptr_fifo_wr<=#2 0;
                        end
                end
            5:begin                          // 归还自由指针
                if(FQ_wr)ptr_fifo_wr<=#2 1;
                end
            endcase
        end
    // 注意，这里 sfifo_ft_w10_d512 表示此 FIFO 的位宽为 10 位，深度为 512，
    // 采用 Fall-Through 模式的 FIFO，其读操作方式与通用 FIFO 不同
    sfifo_ft_w10_d512  u_ptr_fifo(
        .clk(clk),
        .rst(!rstn),
        .din(ptr_fifo_din[9:0]),
        .wr_en(ptr_fifo_wr),
        .rd_en(FQ_rd),
        .dout(ptr_dout_s[9:0]),
        .empty(ptr_fifo_empty),
        .full(),
        .data_count()
        );
    endmodule
```

在 Xilinx 公司提供的 ISE14.7 开发环境中，FIFO 核在复位后需要经过几个时钟周期的等待才能正常工作，因此在上面的电路中，FQ_state 在复位后经过了几个过渡状态才进入工作状态。

7.2.3 switch_core 中的队列控制器

队列管理器的核心是队列控制器。在队列控制器中，会使用链表结构来实现先入先出逻辑队列。链表结构是一种非常经典的数据结构，它由链表存储区（一块 RAM）和一组寄存器组成，这些寄存器包括头（head）寄存器（链表首地址寄存器）、尾（tail）寄存器（链表尾地址寄存器）、信元深度计数器和数据帧深度计数器。链表存储区的深度与自由指针深度相同。头寄存器总是指向一个链表的首部，尾寄存器总是指向一个链表的尾部，信元深度计数器存储当前逻辑队列中的信元数，数据帧深度计数器存储当前逻辑队列中的完整数据帧数。

图 7-7 给出了完整的链表指针写入和读出操作过程。图 7-7(a) ~ 图 7-7(d) 给出了不断向一个链表中写入指针的操作过程。初始状态下链表为空，信元深度计数器的值为 0。当指针 0x01a 被写入时，由于它是逻辑队列中的第一个指针，所以 head 和 tail 的值均置为 0x01a，在链表存储器地址 0x01a 写入的也是 0x01a。此后指针 0x00b 被写入，此时 head 值不变，由于此时 tail 值为 0x01a，因此 0x00b 被写入 tail 指向的存储空间中，然后将 tail 值修

改为 0x00b，同时链表存储区 0x00b 中也写入 0x00b。接下来需要将指针 0x10c 添加到链表中，它被写入当前 tail 值（0x00b）所指向的链表存储空间，此后 tail 值修改为 0x10c，它指向的链表存储区中也写入 0x10c。此后的写入操作与上述过程相同。

图 7-7(e) ~ 图 7-7(g) 给出了从链表中读出指针的过程。当从链表中读出指针时，head 作为链表的当前首指针被直接读出，然后将它指向的链表存储区中的内容读出，作为新的 head 值。在图 7-7(e) 中，0x01a 作为首指针被读出，它所指向的链表存储区中的值是 0x00b，head 值更新为 0x00b。此后继续读出操作时，0x00b 被读出，它指向的链表存储区中存储的 0x10c 作为新的 head 值。后续操作以此类推。

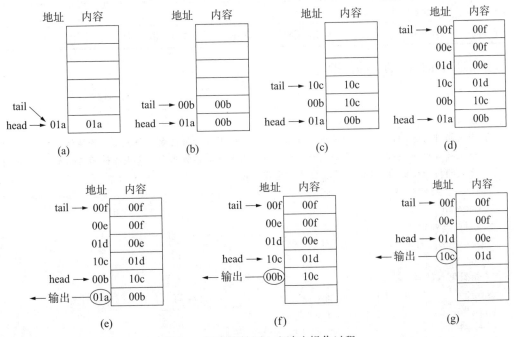

图 7-7　链表指针写入和读出操作过程

每次写入操作时，信元深度计数器都要加 1；每次读出操作时，信元深度计数器都要减 1。如果写入的信元是一个数据帧的尾信元，则数据帧深度计数器加 1；如果读出的信元是一个数据帧的尾信元，则数据帧深度计数器减 1。

在链表存储区中，根据指针的取值范围选择存储单元的位宽即可。但是，在本设计中，每个链表存储单元中除了存储指针值，还需要存储该指针所指向信元的首、尾状态信息，以表明该指针所指向的信元是一个数据帧的首信元、尾信元还是中间信元。因此，指针位宽应在原有基础上加 2。链表存储区的位宽为 16 位，位 15 是尾信元指示位，表示指针所指向的信元是否为一个数据帧的尾信元，该位为 1 表示是尾信元，该位为 0 表示不是尾信元；位 14 是首信元指示位，表示指针所指向的信元是否为一个数据帧的首信元，该位为 1 表示是首信元，该位为 0 表示不是首信元；位 0 ~ 位 8 存储指针值，取值范围是 0 ~ 511；位 9 ~ 位 13 未使用。

队列控制器电路（switch_qc）的端口定义如表 7-2 所示。

表7-2   switch_qc电路的端口定义

端 口	I/O类型	位宽/位	功 能
clk	input	1	时钟
rstn	input	1	复位信号
q_din	input	16	输入的指针值，第16位和第15位分别为尾信元和首信元指示位
q_wr	input	1	指针写信号
q_full	output	1	输入指针FIFO "满" 指示信号
ptr_rdy	output	1	链表中有完整数据帧，可以进行指针读取
ptr_ack	input	1	指针读信号
ptr_dout	output	16	输出的指针值，第16位和第15位分别为尾信元和首信元指示位

下面是switch_qc的设计代码。

```
//========================================================================
// 注意:
// 输入指针的 q_din[15] 为尾指针指示位, 1 表示当前指针指向一个数据帧的尾信元
// 输入指针的 q_din[14] 为头指针指示位, 1 表示当前指针指向一个数据帧的首信元
// 此处的指针位宽为 16 位, 低 9 位为信元指针值
//========================================================================
`timescale 1ns / 1ps
module switch_qc(
input                   clk,
input                   rstn,
// 指针写入端口
input         [15:0]    q_din,              // 需要写入指针队列的指针
input                   q_wr,
output                  q_full,
// 指针读出端口
output                  ptr_rdy,            // 为 1 时, 表示已存入一个完整数据帧的指针
input                   ptr_ack,
output        [15:0]    ptr_dout            // 需要输出的下一个信元对应的指针
    );
reg       [15:0]    ptr_din;
reg                 ptr_wr;
reg                 q_rd;
wire      [15:0]    q_dout;
wire               q_empty;

// 输入指针 FIFO, 用于对写入的指针进行缓冲
sfifo_w16_d32   u_ptr_wr_fifo (
    .clk(clk),
    .rst(!rstn),
    .din(q_din[15:0]),
```

```
    .wr_en(q_wr),
    .rd_en(q_rd),
    .dout(q_dout),
    .full(q_full),
    .empty(q_empty),
    .data_count()
    );
//===================================================================
//本电路中使用了3个状态机，一个为wr_state，用于进行链表写入申请；一个为rd_state，
//用于进行指针读出申请；一个为mstate，用于对链表进行维护。这样做是因为链表存储于
//SRAM中，不能同时对链表存储区进行读写操作，因此写入和读出都需要使用请求–应答方式
//===================================================================
reg     [1:0]    wr_state;
reg              ptr_wr_ack;
always@(posedgeclk or negedge rstn)
    if(!rstn)begin
        ptr_din<=#2  0;
        ptr_wr<=#2  0;
        q_rd<=#2  0;
        wr_state<=#2  0;
        end
    else begin
        //本状态机从输入指针FIFO中读出指针，以请求–应答方式通过mstate写入链表
        case(wr_state)
        0:begin
            if(!q_empty)begin
                q_rd<=#2  1;
                wr_state<=#2  1;
                end
            end
        1:begin
            q_rd<=#2  0;
            wr_state<=#2  2;
            end
        2:begin
            ptr_din<=#2  q_dout[15:0];
            ptr_wr<=#2  1;
            wr_state<=#2  3;
            end
        3:begin
            if(ptr_wr_ack)begin
                ptr_wr<=#2  0;
                wr_state<=#2  0;
                end
            end
        endcase
        end
```

```verilog
//========================================================================
// ptr_rd: 指针读出请求寄存器, rd_state 用它向 mstate 发出链表指针读出请求
// ptr_fifo_din: 指针寄存器, 用于寄存从链表读出的指针
// ptr_rd_ack: 指针读出应答寄存器, mstate 用它向 rd_state 发送读出应答
// head: 链表头寄存器
// tail: 链表尾寄存器
// depth_cell: 信元深度计数器
// depth_frame: 数据帧深度计数器
// depth_flag: 数据帧深度标识寄存器, depth_frame 大于 0 时 depth_flag 为 1, 否则
// depth_flag 为 0
//========================================================================
reg                    ptr_rd;
reg       [15:0]       ptr_fifo_din;
reg                    ptr_rd_ack;

reg       [15:0]       head;
reg       [15:0]       tail;
reg       [15:0]       depth_cell;
reg                    depth_flag;
reg       [15:0]       depth_frame;
reg       [15:0]       ptr_ram_din;
wire      [15:0]       ptr_ram_dout;
reg                    ptr_ram_wr;
reg       [9:0]        ptr_ram_addr;
reg       [3:0]        mstate;
always@(posedgeclk or negedge rstn)
    if(!rstn)    begin
        mstate<=#2   0;
        ptr_ram_wr<=#2  0;
        ptr_wr_ack<=#2  0;
        head <=#2   0;
        tail <=#2   0;
        depth_cell<=#2  0;
        depth_frame<=#2   0;
        ptr_rd_ack<=#2  0;
        ptr_ram_din<=#2   0;
        ptr_ram_addr<=#2   0;
        ptr_fifo_din<=#2   0;
        depth_flag<=#2 0;
        end
    else begin
        ptr_wr_ack<=#2  0;
        ptr_rd_ack<=#2  0;
        ptr_ram_wr<=#2  0;
        case(mstate)
        0:begin
            if(ptr_wr)begin
```

```
        mstate<=#2  1;
        end
    else if(ptr_rd)
        begin
        ptr_fifo_din<=#2  head;
        ptr_ram_addr[9:0]<=#2  head[9:0];
        mstate<=#2  3;
        end
    end
//=============================================================
// 状态 1、2 控制链表写入
//=============================================================
1:begin
    // 如果当前队列非空，则将指针添加到链表尾部
    if(depth_cell[9:0]) begin
        ptr_ram_wr<=#2  1;
        ptr_ram_addr[9:0]<=#2  tail[9:0];
        ptr_ram_din[15:0]<=#2  ptr_din[15:0];
        tail<=#2  ptr_din;
        end
    // 如果当前队列空，则将指针同时作为链表的头和尾
    else begin
        ptr_ram_wr<=#2  1;
        ptr_ram_addr[9:0]<=#2  ptr_din[9:0];
        ptr_ram_din[15:0]<=#2  ptr_din[15:0];
        tail<=#2  ptr_din;
        head<=#2  ptr_din;
        end
    // 信元深度计数器的值加 1。如果当前信元是一个数据帧的尾信元（ptr_din[15]
    // 为 1），则数据帧深度计数器的值也加 1
    depth_cell<=#2 depth_cell+1;
    if(ptr_din[15]) begin
        depth_flag<=#2 1;
        depth_frame<=#2 depth_frame+1;
        end
    ptr_wr_ack<=#2  1;
    mstate<=#2  2;
    end
2:begin
    ptr_ram_addr<=#2  tail[9:0];
    ptr_ram_din <=#2  tail[15:0];
    ptr_ram_wr<=#2  1;
    mstate<=#2  0;
    end
//=============================================================
// 状态 3、4 控制链表读出
//=============================================================
```

```verilog
        3:begin
            ptr_rd_ack<=#2  1;
            mstate<=#2   4;
            end
        4:begin
            // 读出一个指针后，更新 head，将信元计数器的值减 1。如果该指针指向的是一
            // 个数据帧的尾信元（head[15] 为 1），则数据帧深度计数器的值也减 1。如果
            // 其值减 1 后为 0，则应将 depth_flag 清零
            head<=#2   ptr_ram_dout;
            depth_cell<=#2 depth_cell-1;
            if(head[15]) begin
                depth_frame<=#2  depth_frame-1;
                if(depth_frame>1) depth_flag<=#2 1;
                else depth_flag<=#2 0;
                end
            mstate<=#2   0;
            end
        endcase
        end
//================================================================
// rd_state 指针是读出申请状态机，
// 在存储输出指针的 FIFO 非满且链表中有完整数据帧对应的指针时，申请读出链表当前的头指针
// 并缓冲在 FIFO 中，供队列管理器中的读出状态机读取
//================================================================
reg      [2:0]   rd_state;
wire             ptr_full;
wire             ptr_empty;
assign ptr_rdy=!ptr_empty;
always@(posedgeclk or negedge rstn)
    if(!rstn)
        begin
        ptr_rd<=#2  0;
        rd_state<=#2  0;
        end
    else  begin
        case(rd_state)
        0:begin
            if(depth_flag&& !ptr_full)begin
                rd_state<=#2  1;
                ptr_rd<=#2  1;
                end
            end
        1:begin
            if(ptr_rd_ack)begin
                ptr_rd<=#2  0;
                rd_state<=#2  2;
                end
```

```
                end
            2:rd_state<=#2  0;
            endcase
            end
// 指针链表存储区
sram_w16_d512  u_ptr_ram (
    .clka(clk),
    .wea(ptr_ram_wr),
    .addra(ptr_ram_addr[8:0]),
    .dina(ptr_ram_din),
    .douta(ptr_ram_dout)
    );
// 缓存输出指针的 FIFO, 采用 Fall-Through 模式
sfifo_ft_w16_d32  u_ptr_fifo0 (
    .clk(clk),
    .rst(!rstn),
    .din(ptr_fifo_din[15:0]),
    .wr_en(ptr_rd_ack),
    .rd_en(ptr_ack),
    .dout(ptr_dout[15:0]),
    .full(ptr_full),
    .empty(ptr_empty),
    .data_count()
    );
endmodule
```

上面的代码中包括 3 个状态机。(1) wr_state 用于根据输入指针 FIFO 的状态向 mstate 发出请求 (将 ptr_wr 置为 1), 将指针写入链表 RAM。这是因为链表的写入和读出不能同时进行, 需要写入时, 可能正在进行指针读操作。(2) rd_state 用于将指针从链表中读出并写入一个本地指针输出缓存区, 原因也是链表不能同时进行读写操作。(3) mstate 是主状态机, 负责链表的写入和读出操作。3 个状态机密切配合, 可以实现高效的链表读写操作。

此外, 上面的链表结构中只建立了一个队列, 并不能充分体现出采用链表结构的优势, 如果一个队列控制器中同时建立多个队列, 比如针对不同的转发优先级建立不同的逻辑队列, 那么采用链表结构的优势就会非常明显, 这里不做进一步讨论。

7.2.4　switch_core 电路

上面介绍的自由指针队列、队列控制器都是队列管理器中使用的内部模块, 本节将介绍队列管理器电路的工作机制。队列管理器电路结构在图 7-5 中已经给出, 其中的写入状态机和读出状态机控制着 switch_core 的写入和读出操作。

写入状态机用于接收并存储 switch_pre 传输的信元, 主要完成申请自由指针、进行多播计数、存储信元, 以及将自由指针写入队列控制器等工作。读出状态机用于从数据存储

区中将信元读出并传给下一级，主要完成读取队列控制器中的指针、读取信元、修改多播计数器，以及归还自由指针等工作。

下面重点对队列管理器的多播实现机制进行说明。假设队列管理器的当前输入数据帧是一个多播数据帧，对应的输出端口映射位图为4'b1111，它只包括1个信元。写入状态机在处理该信元时，首先从自由指针队列中读出一个自由指针，假设其值16'h0064，其低9位是有效的指针值（取值范围是0~511）。此后，写入状态机将该信元对应的4个128位数据从接口队列中依次读出后写入数据存储器，写入地址分别为11'h064、11'h065、11'h066和11'h067。接着，写入状态机根据当前输入信元的首、尾状态信息以及当前自由指针值，组成一个完整的指针，其值为16'hc064（最高两位均为1，表示此信元既是当前数据帧的首信元，也是尾信元），然后根据其输出端口映射位图，将该指针同时写入4个队列控制器中，表示要从4个端口输出。此后，写入状态机根据输出端口映射位图中1的个数，将4写入多播计数值存储器，写入地址为9'h064。

进行读出操作时，读出状态机从某个队列控制器中读出该信元的指针后，根据指针值将该信元从数据存储区中读出并发送给后级电路，每发送一次，读出状态机就将多播计数值存储器在地址9'h064处存储的值减1后重新保存。当该信元从4个队列控制器输出后，它对应的多播计数值会减为0，此时读出状态机会将指针值16'h0064写入自由指针队列。这种多播实现机制称为基于指针复制的多播实现机制，它对数据存储区的占用较少，使用较为广泛。

下面是队列管理器的代码。

```
`timescale 1ns / 1ps
module switch_core(
input                clk,
input                rstn,
// 与 switch_pre 相连的信号
input       [127:0]  i_cell_data_fifo_din,
input                i_cell_data_fifo_wr,
input       [15:0]   i_cell_ptr_fifo_din,
input                i_cell_ptr_fifo_wr,
output reg            i_cell_bp,
// 与 switch_post 相连的信号
output reg            o_cell_fifo_wr,
output reg [3:0]     o_cell_fifo_sel,
output      [127:0]  o_cell_fifo_din,
output               o_cell_first,
output               o_cell_last,
input       [3:0]    o_cell_bp
    );
reg      [3:0]       qc_portmap;
// 双端口 RAM, 存储信元数据
wire     [127:0]     sram_din_a;              //SRAM 输入信号
```

```
wire      [127:0]     sram_dout_b;              //SRAM 输出信号
wire      [11:0]      sram_addr_a;              //SRAM a 口地址信号
wire      [11:0]      sram_addr_b;              //SRAM b 口地址信号
wire                 sram_wr_a;                //SRAM a 口写信号

// 输入缓冲 FIFO, 存储输入信元和指针
reg                  i_cell_data_fifo_rd;
wire      [127:0]    i_cell_data_fifo_dout;
wire      [8:0]      i_cell_data_fifo_depth;
reg                  i_cell_ptr_fifo_rd;
wire      [15:0]     i_cell_ptr_fifo_dout;
wire                 i_cell_ptr_fifo_full;
wire                 i_cell_ptr_fifo_empty;
reg       [5:0]      cell_number;
reg                  i_cell_last;
reg                  i_cell_first;
// 自由指针队列接口信号
reg       [15:0]     FQ_din;              // 寄存从缓冲区读出信元后待归还的自由指针
reg                  FQ_wr;
reg                  FQ_rd;
reg       [9:0]      FQ_dout;             // 寄存从自由指针队列中读出的自由指针
wire                 FQ_empty;
reg       [1:0]      sram_cnt_a;
reg       [1:0]      sram_cnt_b;
reg                  sram_rd;             //SRAM 无须专用的读信号, 这里用作中间信号
reg                  sram_rd_dv;
// 写入状态机相关信号
reg       [3:0]      wr_state;            // 写入状态机
reg       [3:0]      qc_wr_ptr_wr_en;     // 队列控制器写入信号
wire                 qc_ptr_full0;
wire                 qc_ptr_full1;
wire                 qc_ptr_full2;
wire                 qc_ptr_full3;
reg                  qc_ptr_full;
wire      [9:0]      ptr_dout_s;          // 从自由指针队列中读出的指针
reg       [15:0]     qc_wr_ptr_din;       // 队列控制器的写入指针寄存器

// 多播计数器相关信号
wire      [11:0]     MC_ram_addra;        // 多播计数器 a 口地址信号
wire      [3:0]      MC_ram_dina;         // 多播计数器 a 口输入
reg                  MC_ram_wra;          // 多播计数器 a 口读写信号
reg                  MC_ram_wrb;          // 多播计数器 b 口读写信号
reg       [3:0]      MC_ram_dinb;         // 多播计数器 b 口输入信号
wire      [3:0]      MC_ram_doutb;        // 多播计数器 b 口输出信号


always@(posedgeclk)
    qc_ptr_full<=#2 ({ qc_ptr_full3,qc_ptr_full2,qc_ptr_full1,
```

```
                              qc_ptr_full0}==4'b0)?0:1;

// 输入信元缓冲区, Fall-Through 模式
sfifo_ft_w128_d256  u_i_cell_fifo(
    .clk(clk),
    .rst(!rstn),
    .din(i_cell_data_fifo_din[127:0]),
    .wr_en(i_cell_data_fifo_wr),
    .rd_en(i_cell_data_fifo_rd),
    .dout(i_cell_data_fifo_dout[127:0]),
    .full(),
    .empty(),
    .data_count(i_cell_data_fifo_depth[8:0])
    );
always @(posedge clk)
    i_cell_bp<=#2 (i_cell_data_fifo_depth[8:0]>161) | i_cell_ptr_fifo_full;

// 输入指针缓冲区, Fall-Through 模式
sfifo_ft_w16_d32  u_ptr_fifo (
    .clk(clk),                          // input clk
    .rst(!rstn),                        // input rst
    .din(i_cell_ptr_fifo_din),          // input [15:0] din
    .wr_en(i_cell_ptr_fifo_wr),         // input wr_en
    .rd_en(i_cell_ptr_fifo_rd),         // input rd_en
    .dout(i_cell_ptr_fifo_dout),        // output [15:0] dout
    .full(i_cell_ptr_fifo_full),        // output full
    .empty(i_cell_ptr_fifo_empty),      // output empty
    .data_count()                       // output [5:0] data_count
    );

//======================================================================
// 写入状态机
//======================================================================
always@(posedgeclk or negedge rstn)
    if(!rstn)
        begin
        wr_state<=#2  0;
        FQ_rd<=#2  0;
        MC_ram_wra<=#2  0;
        sram_cnt_a<=#2  0;
        i_cell_data_fifo_rd<=#2  0;
        i_cell_ptr_fifo_rd<=#2 0;
        qc_wr_ptr_wr_en<=#2  0;
        qc_wr_ptr_din<=#2  0;
        FQ_dout<=#2  0;
        qc_portmap<=#2 0;
        cell_number<=#2 0;
```

```
            i_cell_last<=#2 0;
            i_cell_first<=#2 0;
            end
else
    begin
    MC_ram_wra<=#2  0;
    FQ_rd<=#2  0;
    qc_wr_ptr_wr_en<=#2  0;
    i_cell_ptr_fifo_rd<=#2  0;
    case(wr_state)
    0:begin
        sram_cnt_a<=#2  0;
        i_cell_last<=#2 0;
        i_cell_first<=#2 0;
        // 输入指针缓冲区非空、队列控制器入口处的指针缓冲区均非满、
        // 自由指针缓冲区非空时，可以将信元写入数据缓冲区
        if(!i_cell_ptr_fifo_empty& !qc_ptr_full& !FQ_empty)begin
            i_cell_data_fifo_rd<=#2  1;
            i_cell_ptr_fifo_rd<=#2  1;
            qc_portmap<=#2 i_cell_ptr_fifo_dout[11:8];
            FQ_rd<=#2  1;
            FQ_dout<=#2  ptr_dout_s;
            cell_number[5:0]<=#2 i_cell_ptr_fifo_dout[5:0];
            i_cell_first<=#2  1;
            if(i_cell_ptr_fifo_dout[5:0]==6'b1) i_cell_last<=#2 1;
            wr_state<=#2 1;
            end
        end
    1:begin
        cell_number<=#2 cell_number-1;
        sram_cnt_a<=#2 1;
        qc_wr_ptr_din<=#2  {i_cell_last,i_cell_first,4'b0,FQ_dout};
        if(qc_portmap[0])qc_wr_ptr_wr_en[0]<=#2  1;
        if(qc_portmap[1])qc_wr_ptr_wr_en[1]<=#2  1;
        if(qc_portmap[2])qc_wr_ptr_wr_en[2]<=#2  1;
        if(qc_portmap[3])qc_wr_ptr_wr_en[3]<=#2  1;
        MC_ram_wra<=#2  1;
        wr_state<=#2  2;
        end
    2:begin
        sram_cnt_a<=#2 2;
        wr_state<=#2  3;
        end
    3:begin
        sram_cnt_a<=#2 3;
        wr_state<=#24;
        end
```

```
              4:begin
                  i_cell_first<=#2   0;
                  // 如果当前写入的信元不是一个帧的最后一个信元，则循环进行写入操作
                  if(cell_number) begin
                      if(!FQ_empty)begin
                          FQ_rd            <=#2   1;
                          FQ_dout          <=#2   ptr_dout_s;
                          sram_cnt_a       <=#2   0;
                          wr_state         <=#2   1;
                          if(cell_number==1) i_cell_last<=#2 1;
                          else i_cell_last <=#2 0;
                          end
                      end
                  else begin
                      i_cell_data_fifo_rd<=#2 0;
                      wr_state      <=#2 0;
                      end
                  end
          default:wr_state<=#2   0;
          endcase
          end
assign   sram_wr_a=i_cell_data_fifo_rd;
assign   sram_addr_a={FQ_dout[9:0],sram_cnt_a[1:0]};
assign   sram_din_a=i_cell_data_fifo_dout[127:0];
assign MC_ram_addra={2'b0,FQ_dout[9:0]};
assign MC_ram_dina=qc_portmap[0]+qc_portmap[1]+qc_portmap[2]+qc_portmap[3];
//================================================================
// 读出状态机
//================================================================
reg      [3:0]        rd_state;
wire     [15:0]       qc_rd_ptr_dout0,qc_rd_ptr_dout1,
qc_rd_ptr_dout2,qc_rd_ptr_dout3;
reg      [1:0]        RR;
reg      [3:0]        ptr_ack;
wire     [3:0]        ptr_rd_req_pre;
wire                  ptr_rdy0,ptr_rdy1,ptr_rdy2,ptr_rdy3;
wire                  ptr_ack0,ptr_ack1,ptr_ack2,ptr_ack3;

// 在某个队列中有完整的数据帧，对应输出端口无反压时，通过ptr_rd_req_pre产生有效读出
// 请求
assign ptr_rd_req_pre={ptr_rdy3,ptr_rdy2,ptr_rdy1,ptr_rdy0} & (~o_cell_bp);
assign  {ptr_ack3,ptr_ack2,ptr_ack1,ptr_ack0}=ptr_ack;
assign   sram_addr_b={FQ_din[9:0],sram_cnt_b[1:0]};
assign   o_cell_last=FQ_din[15];
assign   o_cell_first=FQ_din[14];
assign   o_cell_fifo_din[127:0]=sram_dout_b[127:0];
always@(posedgeclk or negedge rstn)
```

```verilog
if(!rstn)begin
    rd_state<=#2  0;
    FQ_wr<=#2  0;
    FQ_din<=#2  0;
    MC_ram_wrb<=#2  0;
    MC_ram_dinb<=#2  0;
    RR<=#2  0;
    ptr_ack<=#2  0;
    sram_rd<=#2  0;
    sram_rd_dv<=#2  0;
    sram_cnt_b<=#2  0;
    o_cell_fifo_wr<=#2  0;
    o_cell_fifo_sel<=#2  0;
    end
else begin
    FQ_wr<=#2  0;
    MC_ram_wrb<=#2  0;
    o_cell_fifo_wr<=#2 sram_rd;
    case(rd_state)
    0:begin
        sram_rd<=#2  0;
        sram_cnt_b<=#2  0;
        // 当任意一个队列管理器中有完整的数据帧时，开始读出
        if(ptr_rd_req_pre)  rd_state<=#2  1;
        end
    1:begin
        rd_state<=#2  2;
        sram_rd<=#2  1;
        RR<=#2 RR+2'b01;
        // 采用公平轮询的机制，轮流对 4 个端口进行发送轮询
        case(RR)
        0:begin
            casex(ptr_rd_req_pre[3:0])
            4'bxxx1:begin
                FQ_din<=#2  qc_rd_ptr_dout0;
                o_cell_fifo_sel<=#2  4'b0001;
                ptr_ack<=#2  4'b0001;
                end
            4'bxx10:begin
                FQ_din<=#2  qc_rd_ptr_dout1;
                o_cell_fifo_sel<=#2  4'b0010;
                ptr_ack<=#2  4'b0010;
                end
            4'bx100:begin
                FQ_din<=#2  qc_rd_ptr_dout2;
                o_cell_fifo_sel<=#2  4'b0100;
                ptr_ack<=#2  4'b0100;
```

```verilog
                    end
            4'b1000:begin
                FQ_din<=#2   qc_rd_ptr_dout3;
                o_cell_fifo_sel<=#2   4'b1000;
                ptr_ack<=#2   4'b1000;
                end
        endcase
        end
    1:begin
        casex({ptr_rd_req_pre[0],ptr_rd_req_pre[3:1]})
        4'bxxx1:begin
            FQ_din<=#2   qc_rd_ptr_dout1;
            o_cell_fifo_sel<=#2   4'b0010;
            ptr_ack<=#2   4'b0010;
            end
        4'bxx10:begin
            FQ_din<=#2   qc_rd_ptr_dout2;
            o_cell_fifo_sel<=#2   4'b0100;
            ptr_ack<=#2   4'b0100;
            end
        4'bx100:begin
            FQ_din<=#2   qc_rd_ptr_dout3;
            o_cell_fifo_sel<=#2   4'b1000;
            ptr_ack<=#2   4'b1000;
            end
        4'b1000:begin
            FQ_din<=#2   qc_rd_ptr_dout0;
            o_cell_fifo_sel<=#2   4'b0001;
            ptr_ack<=#2   4'b0001;
            end
        endcase
    end
    2:begin
        casex({ptr_rd_req_pre[1:0],ptr_rd_req_pre[3:2]})
        4'bxxx1:begin
            FQ_din<=#2   qc_rd_ptr_dout2;
            o_cell_fifo_sel<=#2   4'b0100;
            ptr_ack<=#2   4'b0100;
            end
        4'bxx10:begin
            FQ_din<=#2   qc_rd_ptr_dout3;
            o_cell_fifo_sel<=#2   4'b1000;
            ptr_ack<=#2   4'b1000;
            end
        4'bx100:begin
            FQ_din<=#2   qc_rd_ptr_dout0;
            o_cell_fifo_sel<=#2   4'b0001;
```

```
                    ptr_ack<=#2   4'b0001;
                    end
                4'b1000:begin
                    FQ_din<=#2   qc_rd_ptr_dout1;
                    o_cell_fifo_sel<=#2   4'b0010;
                    ptr_ack<=#2   4'b0010;
                    end
                endcase
                end
            3:begin
                casex({ptr_rd_req_pre[2:0],ptr_rd_req_pre[3]})
                4'bxxx1:begin
                    FQ_din<=#2   qc_rd_ptr_dout3;
                    o_cell_fifo_sel<=#2   4'b1000;
                    ptr_ack<=#2   4'b1000;
                    end
                4'bxx10:begin
                    FQ_din<=#2   qc_rd_ptr_dout0;
                    o_cell_fifo_sel<=#2   4'b0001;
                    ptr_ack<=#2   4'b0001;
                    end
                4'bx100:begin
                    FQ_din<=#2   qc_rd_ptr_dout1;
                    o_cell_fifo_sel<=#2   4'b0010;
                    ptr_ack<=#2   4'b0010;
                    end
                4'b1000:begin
                    FQ_din<=#2   qc_rd_ptr_dout2;
                    o_cell_fifo_sel<=#2   4'b0100;
                    ptr_ack<=#2   4'b0100;
                    end
                endcase
                end
            endcase
            end
        2:begin
            ptr_ack<=#2   0;
            sram_cnt_b<=#2   sram_cnt_b+1;
            rd_state<=#2   3;
            end
        3:begin
            sram_cnt_b<=#2   sram_cnt_b+1;
            MC_ram_wrb<=#2   1;
            if(MC_ram_doutb==1) begin
                MC_ram_dinb<=#2   0;
                FQ_wr<=#2   1;
                end
```

```
                else    MC_ram_dinb<=#2    MC_ram_doutb-1;
                rd_state<=#2    4;
                end
          4:begin
                sram_cnt_b<=#2    sram_cnt_b+1;
                rd_state<=#2    5;
                end
          5:begin
                sram_rd<=#2    0;
                rd_state<=#2    0;
                end
          default:rd_state<=#2    0;
          endcase
          end
// 自由指针队列电路
multi_user_fq    u_fq (
    .clk(clk),
    .rstn(rstn),
    .ptr_din({6'b0,FQ_din[9:0]}),
    .FQ_wr(FQ_wr),
    .FQ_rd(FQ_rd),
    .ptr_dout_s(ptr_dout_s),
    .ptr_fifo_empty(FQ_empty)
);
// 多播计数器
dpsram_w4_d512    u_MC_dpram (
    .clka(clk),
    .wea(MC_ram_wra),
    .addra(MC_ram_addra[8:0]),
    .dina(MC_ram_dina),
    .douta(),
    .clkb(clk),
    .web(MC_ram_wrb),
    .addrb(FQ_din[8:0]),
    .dinb(MC_ram_dinb),
    .doutb(MC_ram_doutb)
    );


// 队列管理器
switch_qc    qc0(
    .clk(clk),
    .rstn(rstn),
    .q_din(qc_wr_ptr_din),
    .q_wr(qc_wr_ptr_wr_en[0]),
    .q_full(qc_ptr_full0),
    .ptr_rdy(ptr_rdy0),
    .ptr_ack(ptr_ack0),
```

```
        .ptr_dout(qc_rd_ptr_dout0)
);
switch_qc   qc1(
    .clk(clk),
    .rstn(rstn),
    .q_din(qc_wr_ptr_din),
    .q_wr(qc_wr_ptr_wr_en[1]),
    .q_full(qc_ptr_full1),
    .ptr_rdy(ptr_rdy1),
    .ptr_ack(ptr_ack1),
    .ptr_dout(qc_rd_ptr_dout1)
);
switch_qc   qc2(
    .clk(clk),
    .rstn(rstn),
    .q_din(qc_wr_ptr_din),
    .q_wr(qc_wr_ptr_wr_en[2]),
    .q_full(qc_ptr_full2),
    .ptr_rdy(ptr_rdy2),
    .ptr_ack(ptr_ack2),
    .ptr_dout(qc_rd_ptr_dout2)
);

switch_qc   qc3(
    .clk(clk),
    .rstn(rstn),
    .q_din(qc_wr_ptr_din),
    .q_wr(qc_wr_ptr_wr_en[3]),
    .q_full(qc_ptr_full3),
    .ptr_rdy(ptr_rdy3),
    .ptr_ack(ptr_ack3),
    .ptr_dout(qc_rd_ptr_dout3)
);
// 数据存储区
dpsram_w128_d2k  u_data_ram (
    .clka(clk),
    .wea(sram_wr_a),
    .addra(sram_addr_a[10:0]),
    .dina(sram_din_a),
    .douta(),
    .clkb(clk),
    .web(1'b0),
    .addrb(sram_addr_b[10:0]),
    .dinb(128'b0),
    .doutb(sram_dout_b)
    );
endmodule
```

7.3 switch_post 电路的设计

switch_post 的功能相对简单，包括 4 个功能相同的独立模块，各个模块的主要功能如下所述。

（1）将 switch_core 输出到某个端口的、属于同一个数据帧的信元进行缓存与拼接，恢复出原始的数据帧。

（2）将输入数据帧进行位宽变换，以字节方式输出。

（3）去掉数据帧的本地头，在指针长度中减去本地头的长度。

（4）去掉为了补足 64 字节添加的帧尾填充数据。

（5）按照与 mac_t 接口的要求，以简单队列的方式与 mac_t 连接。

下面是 switch_post_top 模块，其中包括 4 个 switch_post 模块，整体电路是非常简单的。

```verilog
`timescale 1ns / 1ps
module switch_post_top(
input                   clk,
input                   rstn,

// 与 switch_core 连接的信号
input                   o_cell_fifo_wr,
input       [3:0]       o_cell_fifo_sel,
input       [127:0]     o_cell_fifo_din,
input                   o_cell_first,
input                   o_cell_last,
output      [3:0]       o_cell_bp,

// 与 4 个 mac_t 连接的信号
input                   data_fifo_rd0,
output      [7:0]       data_fifo_dout0,
input                   ptr_fifo_rd0,
output      [15:0]      ptr_fifo_dout0,
output                  ptr_fifo_empty0,

input                   data_fifo_rd1,
output      [7:0]       data_fifo_dout1,
input                   ptr_fifo_rd1,
output      [15:0]      ptr_fifo_dout1,
output                  ptr_fifo_empty1,

input                   data_fifo_rd2,
output      [7:0]       data_fifo_dout2,
input                   ptr_fifo_rd2,
output      [15:0]      ptr_fifo_dout2,
output                  ptr_fifo_empty2,
```

```verilog
input                     data_fifo_rd3,
output       [7:0]        data_fifo_dout3,
input                     ptr_fifo_rd3,
output       [15:0]       ptr_fifo_dout3,
output                    ptr_fifo_empty3
    );
// 4 个独立的 switch_post 给 swicth_core 的反压信号
wire         o_cell_data_fifo_bp_0;
wire         o_cell_data_fifo_bp_1;
wire         o_cell_data_fifo_bp_2;
wire         o_cell_data_fifo_bp_3;
assign       o_cell_bp={ o_cell_data_fifo_bp_3,   o_cell_data_fifo_bp_2,
                         o_cell_data_fifo_bp_1,   o_cell_data_fifo_bp_0};

switch_post   post0(
    .clk(clk),
    .rstn(rstn),
    .o_cell_data_fifo_wr(o_cell_fifo_wr&&o_cell_fifo_sel[0]),
    .o_cell_data_fifo_din(o_cell_fifo_din),
    .o_cell_data_first(o_cell_first),
    .o_cell_data_last(o_cell_last),
    .o_cell_data_fifo_bp(o_cell_data_fifo_bp_0),
    .ptr_fifo_rd(ptr_fifo_rd0),
    .ptr_fifo_dout(ptr_fifo_dout0),
    .ptr_fifo_empty(ptr_fifo_empty0),
    .data_fifo_rd(data_fifo_rd0),
    .data_fifo_dout(data_fifo_dout0)
    );

switch_post   post1(
    .clk(clk),
    .rstn(rstn),
    .o_cell_data_fifo_wr(o_cell_fifo_wr&&o_cell_fifo_sel[1]),
    .o_cell_data_fifo_din(o_cell_fifo_din),
    .o_cell_data_first(o_cell_first),
    .o_cell_data_last(o_cell_last),
    .o_cell_data_fifo_bp(o_cell_data_fifo_bp_1),
    .ptr_fifo_rd(ptr_fifo_rd1),
    .ptr_fifo_dout(ptr_fifo_dout1),
    .ptr_fifo_empty(ptr_fifo_empty1),
    .data_fifo_rd(data_fifo_rd1),
    .data_fifo_dout(data_fifo_dout1)
    );

switch_post   post2(
    .clk(clk),
    .rstn(rstn),
```

```
    .o_cell_data_fifo_wr(o_cell_fifo_wr&&o_cell_fifo_sel[2]),
    .o_cell_data_fifo_din(o_cell_fifo_din),
    .o_cell_data_first(o_cell_first),
    .o_cell_data_last(o_cell_last),
    .o_cell_data_fifo_bp(o_cell_data_fifo_bp_2),
    .ptr_fifo_rd(ptr_fifo_rd2),
    .ptr_fifo_dout(ptr_fifo_dout2),
    .ptr_fifo_empty(ptr_fifo_empty2),
    .data_fifo_rd(data_fifo_rd2),
    .data_fifo_dout(data_fifo_dout2)
    );

switch_post  post3(
    .clk(clk),
    .rstn(rstn),
    .o_cell_data_fifo_wr(o_cell_fifo_wr&&o_cell_fifo_sel[3]),
    .o_cell_data_fifo_din(o_cell_fifo_din),
    .o_cell_data_first(o_cell_first),
    .o_cell_data_last(o_cell_last),
    .o_cell_data_fifo_bp(o_cell_data_fifo_bp_3),
    .ptr_fifo_rd(ptr_fifo_rd3),
    .ptr_fifo_dout(ptr_fifo_dout3),
    .ptr_fifo_empty(ptr_fifo_empty3),
    .data_fifo_rd(data_fifo_rd3),
    .data_fifo_dout(data_fifo_dout3)
    );
endmodule
```

下面是 switch_post 模块的代码。基本工作方式是先将来自 switch_core 的信元写入一个位宽为 144 位的数据 FIFO 中，然后使用状态机将数据依次读出，以 8 位为位宽，写入 mac_t 接口队列中的数据 FIFO。在此过程中，原来插入的本地头、不足 64 字节时填充的数据都将被去除。数据帧写入完成后，其长度值作为指针值，被写入 mac_t 接口队列的指针 FIFO。

```
`timescale 1ns / 1ps
module switch_post(
input               clk,
input               rstn,
// 与 swith_core 连接的信号
input               o_cell_data_fifo_wr,
input     [127:0]   o_cell_data_fifo_din,
input               o_cell_data_first,
input               o_cell_data_last,
output  reg         o_cell_data_fifo_bp,
// 与 mac_t 连接的信号
input               ptr_fifo_rd,
```

```
output          [15:0]        ptr_fifo_dout,
output                        ptr_fifo_empty,
input                         data_fifo_rd,
output          [7:0]         data_fifo_dout
);


reg                      o_cell_data_fifo_rd;
wire      [143:0]        o_cell_data_fifo_dout;
wire                     o_cell_data_fifo_empty;
wire      [8:0]          o_cell_data_fifo_depth;
// 先将来自 switch_core 的信元缓存到一个 FIFO 中
sfifo_ft_w144_d256  u_o_cell_fifo(
    .clk(clk),
    .rst(!rstn),
    .din({o_cell_data_first,o_cell_data_last,14'b0,o_cell_data_fifo_din[127:0]}),
    .wr_en(o_cell_data_fifo_wr),
    .rd_en(o_cell_data_fifo_rd),
    .dout(o_cell_data_fifo_dout[143:0]),
    .full(),
    .empty(o_cell_data_fifo_empty),
    .data_count(o_cell_data_fifo_depth[8:0])
    );
always @(posedge clk)
    if(o_cell_data_fifo_depth>240) o_cell_data_fifo_bp<=#2 1;
    else o_cell_data_fifo_bp<=#2 0;


reg    [15:0]  ptr_fifo_din;
wire           ptr_fifo_full;
wire           data_fifo_wr;
reg    [7:0]   data_fifo_din;
wire   [11:0]  data_fifo_depth;
reg            bp;
always @(posedge clk)
    bp<=#2 (data_fifo_depth>2578)|ptr_fifo_full;


reg            ptr_fifo_wr;
reg    [4:0]   mstate;
reg    [11:0]  byte_cnt;                // 长度计数器
reg            byte_dv;                 // 信元字节有效指示，包括了填充字节
reg    [11:0]  frame_len;
reg    [11:0]  frame_len_with_pad;

always@(posedgeclk or negedge rstn)
    if(!rstn)
        begin
        mstate<=#2  0;
        byte_cnt<=#2 0;
```

```verilog
        byte_dv<=#2 0;
        frame_len<=#2 0;
        frame_len_with_pad<=#2 0;
        o_cell_data_fifo_rd<=#2 0;
        data_fifo_din<=#2 0;
        ptr_fifo_wr<=#2 0;
        ptr_fifo_din<=#2 0;
        end
    else begin
        o_cell_data_fifo_rd<=#2 0;
        ptr_fifo_wr<=#2 0;
        if(byte_dv) byte_cnt<=#2 byte_cnt+1;
        case(mstate)
        0:begin
            byte_dv<=#2 0;
            byte_cnt<=#2 0;
            if(!o_cell_data_fifo_empty&o_cell_data_fifo_dout[143] & !bp) begin
                frame_len<=#2 { o_cell_data_fifo_dout[127:124],
                                o_cell_data_fifo_dout[119:112]};
                frame_len_with_pad<=#2 {o_cell_data_fifo_dout[127:124],
                                        o_cell_data_fifo_dout[119:112]};
                mstate<=#2  1;
                end
            end
        1:begin
            //==============================================================
            // frame_len_with_pad 用于存储包括本地头和填充字节在内的帧长度值，它
            // 是根据数据帧本地头中携带的帧长度值（包括本地头，但不包括填充字节）计
            // 算得到的
            //==============================================================
            if(frame_len_with_pad[5:0]!==6'b0)
                frame_len_with_pad<=#2 {frame_len_with_pad[11:6],6'b0}+64;
            frame_len<=#2  frame_len-2;
            // 由于本地头无须写入后级，因此跳过状态 2 和 3，直接进入状态 5
            byte_dv<=#2 1;
            data_fifo_din<=#2  o_cell_data_fifo_dout[111:104];
            mstate<=#2 5;
            end
        2:begin
            data_fifo_din<=#2  o_cell_data_fifo_dout[127:120];
            mstate<=#2 3;
            end
        3:begin
            data_fifo_din<=#2  o_cell_data_fifo_dout[119:112];
            mstate<=#2  4;
            end
        4:begin
```

```
            data_fifo_din<=#2   o_cell_data_fifo_dout[111:104];
            mstate<=#2   5;
            end
    5:begin
            data_fifo_din<=#2   o_cell_data_fifo_dout[103:96];
            mstate<=#2   6;
            end
    6:begin
            data_fifo_din<=#2   o_cell_data_fifo_dout[95:88];
            mstate<=#2   7;
            end
    7:begin
            data_fifo_din<=#2   o_cell_data_fifo_dout[87:80];
            mstate<=#2   8;
            end
    8:begin
            data_fifo_din<=#2   o_cell_data_fifo_dout[79:72];
            mstate<=#2   9;
            end
    9:begin
            data_fifo_din<=#2   o_cell_data_fifo_dout[71:64];
            mstate<=#2   10;
            end
    10:begin
            data_fifo_din<=#2   o_cell_data_fifo_dout[63:56];
            mstate<=#2   11;
            end
    11:begin
            data_fifo_din<=#2   o_cell_data_fifo_dout[55:48];
            mstate<=#2   12;
            end
    12:begin
            data_fifo_din<=#2   o_cell_data_fifo_dout[47:40];
            mstate<=#2   13;
            end
    13:begin
            data_fifo_din<=#2   o_cell_data_fifo_dout[39:32];
            mstate<=#2   14;
            end
    14:begin
            data_fifo_din<=#2   o_cell_data_fifo_dout[31:24];
            mstate<=#2   15;
            end
    15:begin
            data_fifo_din<=#2   o_cell_data_fifo_dout[23:16];
            mstate<=#2   16;
            end
```

```
        16:begin
            data_fifo_din<=#2  o_cell_data_fifo_dout[15:8];
            o_cell_data_fifo_rd<=#2 1;
            if(frame_len_with_pad>16) begin
                frame_len_with_pad<=#2 frame_len_with_pad-16;
                mstate<=#2  17;
                end
            else mstate<=#2 18;
            end
        17:begin
            data_fifo_din<=#2  o_cell_data_fifo_dout[7:0];
            mstate<=#2  2;
            end
        18:begin
            data_fifo_din<=#2  o_cell_data_fifo_dout[7:0];
            ptr_fifo_din<=#2  {4'b0,frame_len[11:0]};
            ptr_fifo_wr<=#2  1;
            mstate<=#2  0;
            end
        endcase
        end
// 后级 FIFO 写入信号的有效性由实际帧长度决定，这样可以自然去除填充数据
assign data_fifo_wr=byte_dv& (byte_cnt<frame_len);
sfifo_w8_d4k  u_data_fifo(    // mac_t 接口队列中的数据 FIFO
    .clk(clk),
    .rst(!rstn),
    .din(data_fifo_din[7:0]),
    .wr_en(data_fifo_wr),
    .rd_en(data_fifo_rd),
    .dout(data_fifo_dout[7:0]),
    .full(),
    .empty(),
    .data_count(data_fifo_depth[11:0])
    );
sfifo_w16_d32  u_ptr_fifo(    // mac_t 接口队列中的指针 FIFO
    .clk(clk),
    .rst(!rstn),
    .din(ptr_fifo_din[15:0]),
    .wr_en(ptr_fifo_wr),
    .rd_en(ptr_fifo_rd),
    .dout(ptr_fifo_dout[15:0]),
    .full(ptr_fifo_full),
    .empty(ptr_fifo_empty),
    .data_count()
    );
endmodule
```

这里要注意的是数据帧的长度。在帧处理模块中，在数据帧前面添加了 2 字节的帧头，因此实际的数据帧长度应该是从帧头读出的长度（length）再减 2。同时，对于不足 64 字节整数倍的数据帧，在尾部进行过填充。因此，在输出时，设置输出计数器 length_cnt，一边输出，一边计数，并将 length_cnt 与 length 进行比较，当数据帧有效字节输出完毕后，填充字节不再写入后续的缓冲区。这部分代码编写时使用了 byte_cnt 计数器，用于记录写入后级缓冲区中的字节数，当其到达帧有效长度时，后续填充字节不再写入。

7.4　switch_top 电路的设计

switch_top 的主要用处在于将 switch_pre、switch_core 和 switch_post 这 3 个模块整合起来，形成一个完整的交换单元，便于系统级仿真与测试。下面是顶层电路代码。

```verilog
`timescale 1ns / 1ps
module switch_top(
input                   clk,
input                   rstn,
// 与 frame_process 的接口信号
input                   sof,
input                   dv,
input       [7:0]       din,
// 与 mac_t 的接口信号
input                   data_fifo_rd0,
output      [7:0]       data_fifo_dout0,
input                   ptr_fifo_rd0,
output      [15:0]      ptr_fifo_dout0,
output                  ptr_fifo_empty0,
input                   data_fifo_rd1,
output      [7:0]       data_fifo_dout1,
input                   ptr_fifo_rd1,
output      [15:0]      ptr_fifo_dout1,
output                  ptr_fifo_empty1,
input                   data_fifo_rd2,
output      [7:0]       data_fifo_dout2,
input                   ptr_fifo_rd2,
output      [15:0]      ptr_fifo_dout2,
output                  ptr_fifo_empty2,
input                   data_fifo_rd3,
output      [7:0]       data_fifo_dout3,
input                   ptr_fifo_rd3,
output      [15:0]      ptr_fifo_dout3,
output                  ptr_fifo_empty3
    );
wire        [127:0]     i_cell_data_fifo_dout;
```

```verilog
wire                     i_cell_data_fifo_wr;
wire        [15:0]       i_cell_ptr_fifo_dout;
wire                     i_cell_ptr_fifo_wr;
wire                     i_cell_bp;
wire                     o_cell_fifo_wr;
wire        [3:0]        o_cell_fifo_sel;
wire                     o_cell_first;
wire                     o_cell_last;
wire        [127:0]      o_cell_fifo_din;
wire        [7:0]        o_cell_ptr;
wire        [3:0]        o_cell_bp;
switch_pre  u_switch_pre(
    .clk(clk),
    .rstn(rstn),
    .sof(sof),
    .dv(dv),
    .din(din),
    .i_cell_data_fifo_dout(i_cell_data_fifo_dout),
    .i_cell_data_fifo_wr(i_cell_data_fifo_wr),
    .i_cell_ptr_fifo_dout(i_cell_ptr_fifo_dout),
    .i_cell_ptr_fifo_wr(i_cell_ptr_fifo_wr),
    .i_cell_bp(i_cell_bp)
    );

switch_core  u_switch_core (
    .clk(clk),
    .rstn(rstn),
    .i_cell_data_fifo_din(i_cell_data_fifo_dout),
    .i_cell_data_fifo_wr(i_cell_data_fifo_wr),
    .i_cell_ptr_fifo_din(i_cell_ptr_fifo_dout),
    .i_cell_ptr_fifo_wr(i_cell_ptr_fifo_wr),
    .i_cell_bp(i_cell_bp),
    // 面向 switch_post
    .o_cell_fifo_wr(o_cell_fifo_wr),
    .o_cell_fifo_sel(o_cell_fifo_sel),
    .o_cell_fifo_din(o_cell_fifo_din),
    .o_cell_first(o_cell_first),
    .o_cell_last(o_cell_last),
    .o_cell_bp(o_cell_bp)
    );

switch_post_top  u_switch_post_top(
    .clk(clk),
    .rstn(rstn),
    .o_cell_fifo_wr(o_cell_fifo_wr),
    .o_cell_fifo_sel(o_cell_fifo_sel),
    .o_cell_fifo_din(o_cell_fifo_din),
```

```
        .o_cell_first(o_cell_first),
        .o_cell_last(o_cell_last),
        .o_cell_bp(o_cell_bp),
        .ptr_fifo_rd0(ptr_fifo_rd0),
        .ptr_fifo_rd1(ptr_fifo_rd1),
        .ptr_fifo_rd2(ptr_fifo_rd2),
        .ptr_fifo_rd3(ptr_fifo_rd3),
        .data_fifo_rd0(data_fifo_rd0),
        .data_fifo_rd1(data_fifo_rd1),
        .data_fifo_rd2(data_fifo_rd2),
        .data_fifo_rd3(data_fifo_rd3),
        .data_fifo_dout0(data_fifo_dout0),
        .data_fifo_dout1(data_fifo_dout1),
        .data_fifo_dout2(data_fifo_dout2),
        .data_fifo_dout3(data_fifo_dout3),
        .ptr_fifo_dout0(ptr_fifo_dout0),
        .ptr_fifo_dout1(ptr_fifo_dout1),
        .ptr_fifo_dout2(ptr_fifo_dout2),
        .ptr_fifo_dout3(ptr_fifo_dout3),
        .ptr_fifo_empty0(ptr_fifo_empty0),
        .ptr_fifo_empty1(ptr_fifo_empty1),
        .ptr_fifo_empty2(ptr_fifo_empty2),
        .ptr_fifo_empty3(ptr_fifo_empty3)
        );
endmodule
```

对 switch_top 可以进行单独仿真分析，验证其正确性。下面的测试代码通过模拟 frame_process 模块向 switch_top 发送测试数据帧，来分析 switch_top 的功能正确性。对电路进行仿真测试。考虑到篇幅，这里只做了基本仿真。

```
`timescale 1ns / 1ps
module switch_top_tb;
// Inputs
reg clk;
reg rstn;
reg data_sof;
reg data_dv;
reg [7:0] data_in;
reg ptr_fifo_rd0;
reg ptr_fifo_rd1;
reg ptr_fifo_rd2;
reg ptr_fifo_rd3;
reg data_fifo_rd0;
reg data_fifo_rd1;
reg data_fifo_rd2;
reg data_fifo_rd3;
```

```verilog
// Outputs
wire [7:0] data_fifo_dout0;
wire [7:0] data_fifo_dout1;
wire [7:0] data_fifo_dout2;
wire [7:0] data_fifo_dout3;
wire [15:0] ptr_fifo_dout0;
wire [15:0] ptr_fifo_dout1;
wire [15:0] ptr_fifo_dout2;
wire [15:0] ptr_fifo_dout3;
wire ptr_fifo_empty0;
wire ptr_fifo_empty1;
wire ptr_fifo_empty2;
wire ptr_fifo_empty3;

always #5 clk=~clk;
// Instantiate the Unit Under Test (UUT)
switch_top  uut (
    .clk(clk),
    .rstn(rstn),
    .sof(data_sof),
    .dv(data_dv),
    .din(data_in),
    .ptr_fifo_rd0(ptr_fifo_rd0),
    .ptr_fifo_rd1(ptr_fifo_rd1),
    .ptr_fifo_rd2(ptr_fifo_rd2),
    .ptr_fifo_rd3(ptr_fifo_rd3),
    .data_fifo_rd0(data_fifo_rd0),
    .data_fifo_rd1(data_fifo_rd1),
    .data_fifo_rd2(data_fifo_rd2),
    .data_fifo_rd3(data_fifo_rd3),
    .data_fifo_dout0(data_fifo_dout0),
    .data_fifo_dout1(data_fifo_dout1),
    .data_fifo_dout2(data_fifo_dout2),
    .data_fifo_dout3(data_fifo_dout3),
    .ptr_fifo_dout0(ptr_fifo_dout0),
    .ptr_fifo_dout1(ptr_fifo_dout1),
    .ptr_fifo_dout2(ptr_fifo_dout2),
    .ptr_fifo_dout3(ptr_fifo_dout3),
    .ptr_fifo_empty0(ptr_fifo_empty0),
    .ptr_fifo_empty1(ptr_fifo_empty1),
    .ptr_fifo_empty2(ptr_fifo_empty2),
    .ptr_fifo_empty3(ptr_fifo_empty3)
);

initial begin
    // Initialize Inputs
    clk=0;
```

```
        rstn=0;
        data_sof=0;
        data_dv=0;
        data_in=0;
        ptr_fifo_rd0=0;
        ptr_fifo_rd1=0;
        ptr_fifo_rd2=0;
        ptr_fifo_rd3=0;
        data_fifo_rd0=0;
        data_fifo_rd1=0;
        data_fifo_rd2=0;
        data_fifo_rd3=0;

        // Wait 100 ns for global reset to finish
        #100;
        rstn=1;
        #10_000;
        // Add stimulus here
        send_frame(126,4'b1111);      // 发送一个长度为 126 字节的广播帧，需要补 2 字节
                                      // 作为填充
        #100;
        send_frame(129,4'b1111);      // 发送一个长度为 129 字节的广播帧，需要补 63 字节
                                      // 作为填充
end

task send_frame;
input   [11:0]      len;
input   [3:0]       portmap;
integer             i;
reg     [11:0]      len_with_pad;
begin
    len_with_pad=len;
    if(len[5:0])begin
        len_with_pad=len_with_pad+64;
        len_with_pad={len_with_pad[11:6],6'b0};
        end
    repeat(1)@(posedge clk);
    #2;
    for(i=0;i<len_with_pad;i=i+1)begin
        if(i==0) begin
            data_sof=1;
            data_dv=1;
            data_in={len[11:8],portmap[3:0]};
            end
        else if(i==1) begin
            data_sof=0;
            data_dv=1;
```

```
                data_in=len[7:0];
                end
            else begin
                data_in=i[7:0];
                end
            repeat(1)@(posedge clk);
            #2;
            end
        data_dv=0;
        data_in=0;
        end
endtask
endmodule
```

这里不再给出具体仿真波形。

第8章

以太网交换机版本2

相比v1版以太网交换机,v2版以太网交换机对队列管理器进行了改进,电路结构与复杂度有了进一步的提升,设计的核心在于加入了共享缓存交换单元(即队列管理器),提高了存储资源的利用率。

v2版以太网交换机的电路结构如图8-1所示。由PHY芯片通过MII接口到达mac_r的数据帧被正确接收之后,经过数据帧合路电路将4路合为1路,再经过帧处理(从接收数据帧中提取出目的MAC地址和源MAC地址,根据源MAC地址进行地址学习,根据目的MAC地址查表获得输出端口信息,形成包括数据帧长度和输出端口映射位图的本地头)后,到达交换单元的switch_pre电路,将变长数据帧切割成64字节的定长信元,定长信元在交换单元中缓存,之后到达switch_post电路,该电路将信元重组为数据帧,然后交给mac_t发送电路输出。

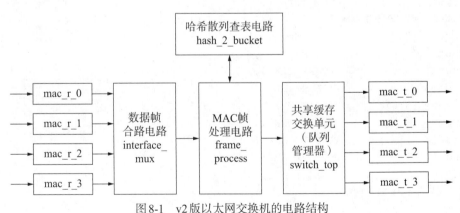

图8-1 v2版以太网交换机的电路结构

8.1 v2版交换机的顶层设计代码

图8-2所示的是ethernet_switch_v2设计工程,从图中可以清楚地看到前阶段实现的各个电路模块及其层次关系。

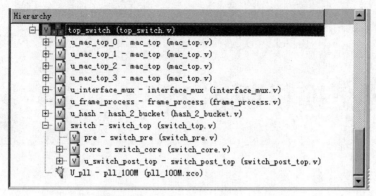

图8-2 ethernet_switch_v2设计工程

ethernet_switch_v2中的顶层文件是top_switch.v，下面是其具体设计代码。

```verilog
`timescale 1ns / 1ps
module top_switch(
// 系统外部输入时钟，此处为 50 MHz
input               sys_clk,
// MAC0 与 PHY 芯片的接口
input    [3:0]      MII_RXD_0,
input               MII_RX_DV_0,
input               MII_RX_CLK_0,
input               MII_RX_ER_0,
output   [3:0]      MII_TXD_0,
output              MII_TX_EN_0,
input               MII_TX_CLK_0,
output              MII_TX_ER_0,
output              phy_rstn_0,
// MAC1 与 PHY 芯片的接口
input    [3:0]      MII_RXD_1,
input               MII_RX_DV_1,
input               II_RX_CLK_1,
input               MII_RX_ER_1,
output   [3:0]      MII_TXD_1,
output              MII_TX_EN_1,
input               MII_TX_CLK_1,
output              MII_TX_ER_1,
output              phy_rstn_1,
// MAC2 与 PHY 芯片的接口
input    [3:0]      MII_RXD_2,
input               MII_RX_DV_2,
input               MII_RX_CLK_2,
input               MII_RX_ER_2,
output   [3:0]      MII_TXD_2,
output              MII_TX_EN_2,
input               MII_TX_CLK_2,
```

```
output                 MII_TX_ER_2,
output                 phy_rstn_2,
// MAC3 与 PHY 芯片的接口
input    [3:0]         MII_RXD_3,
input                  MII_RX_DV_3,
input                  MII_RX_CLK_3,
input                  MII_RX_ER_3,
output   [3:0]         MII_TXD_3,
output                 MII_TX_EN_3,
input                  MII_TX_CLK_3,
output                 MII_TX_ER_3,
output                 phy_rstn_3
);
// 电路模块间的接口信号
wire                   emac0_tx_data_fifo_rd;
wire     [7:0]         emac0_tx_data_fifo_dout;
wire                   emac0_tx_ptr_fifo_rd;
wire     [15:0]        emac0_tx_ptr_fifo_dout;
wire                   emac0_tx_ptr_fifo_empty;
wire                   emac0_rx_data_fifo_rd;
wire     [7:0]         emac0_rx_data_fifo_dout;
wire                   emac0_rx_ptr_fifo_rd;
wire     [15:0]        emac0_rx_ptr_fifo_dout;
wire                   emac0_rx_ptr_fifo_empty;

wire                   emac1_tx_data_fifo_rd;
wire     [7:0]         emac1_tx_data_fifo_dout;
wire                   emac1_tx_ptr_fifo_rd;
wire     [15:0]        emac1_tx_ptr_fifo_dout;
wire                   emac1_tx_ptr_fifo_empty;

wire                   emac1_rx_data_fifo_rd;
wire     [7:0]         emac1_rx_data_fifo_dout;
wire                   emac1_rx_ptr_fifo_rd;
wire     [15:0]        emac1_rx_ptr_fifo_dout;
wire                   emac1_rx_ptr_fifo_empty;

wire                   emac2_tx_data_fifo_rd;
wire     [7:0]         emac2_tx_data_fifo_dout;
wire                   emac2_tx_ptr_fifo_rd;
wire     [15:0]        emac2_tx_ptr_fifo_dout;
wire                   emac2_tx_ptr_fifo_empty;

wire                   emac2_rx_data_fifo_rd;
wire     [7:0]         emac2_rx_data_fifo_dout;
wire                   emac2_rx_ptr_fifo_rd;
wire     [15:0]        emac2_rx_ptr_fifo_dout;
```

```verilog
    wire                    emac2_rx_ptr_fifo_empty;

    wire                    emac3_tx_data_fifo_rd;
    wire    [7:0]           emac3_tx_data_fifo_dout;
    wire                    emac3_tx_ptr_fifo_rd;
    wire    [15:0]          emac3_tx_ptr_fifo_dout;
    wire                    emac3_tx_ptr_fifo_empty;

    wire                    emac3_rx_data_fifo_rd;
    wire    [7:0]           emac3_rx_data_fifo_dout;
    wire                    emac3_rx_ptr_fifo_rd;
    wire    [15:0]          emac3_rx_ptr_fifo_dout;
    wire                    emac3_rx_ptr_fifo_empty;
    wire                    rstn;       // 由锁相环产生
    wire                    clk;        // 将sys_clk倍频后得到的系统时钟
mac_top   u_mac_top_0(
    .clk(clk),
    .rstn(rstn),
    .MII_RXD(MII_RXD_0),
    .MII_RX_DV(MII_RX_DV_0),
    .MII_RX_CLK(MII_RX_CLK_0),
    .MII_RX_ER(MII_RX_ER_0),
    .MII_TXD(MII_TXD_0),
    .MII_TX_CLK(MII_TX_CLK_0),
    .MII_TX_EN(MII_TX_EN_0),
    .MII_TX_ER(MII_TX_ER_0),
    .rx_data_fifo_rd(emac0_rx_data_fifo_rd),
    .rx_data_fifo_dout(emac0_rx_data_fifo_dout),
    .rx_ptr_fifo_rd(emac0_rx_ptr_fifo_rd),
    .rx_ptr_fifo_dout(emac0_rx_ptr_fifo_dout),
    .rx_ptr_fifo_empty(emac0_rx_ptr_fifo_empty),
    .tx_data_fifo_rd(emac0_tx_data_fifo_rd),
    .tx_data_fifo_dout(emac0_tx_data_fifo_dout),
    .tx_ptr_fifo_rd(emac0_tx_ptr_fifo_rd),
    .tx_ptr_fifo_dout(emac0_tx_ptr_fifo_dout),
    .tx_ptr_fifo_empty(emac0_tx_ptr_fifo_empty)
    );
mac_top   u_mac_top_1(
    .clk(clk),
    .rstn(rstn),
    .MII_RXD(MII_RXD_1),
    .MII_RX_DV(MII_RX_DV_1),
    .MII_RX_CLK(MII_RX_CLK_1),
    .MII_RX_ER(MII_RX_ER_1),
    .MII_TX_CLK(MII_TX_CLK_1),
    .MII_TXD(MII_TXD_1),
    .MII_TX_EN(MII_TX_EN_1),
```

```
    .MII_TX_ER(MII_TX_ER_1),
    .rx_data_fifo_rd(emac1_rx_data_fifo_rd),
    .rx_data_fifo_dout(emac1_rx_data_fifo_dout),
    .rx_ptr_fifo_rd(emac1_rx_ptr_fifo_rd),
    .rx_ptr_fifo_dout(emac1_rx_ptr_fifo_dout),
    .rx_ptr_fifo_empty(emac1_rx_ptr_fifo_empty),
    .tx_data_fifo_rd(emac1_tx_data_fifo_rd),
    .tx_data_fifo_dout(emac1_tx_data_fifo_dout),
    .tx_ptr_fifo_rd(emac1_tx_ptr_fifo_rd),
    .tx_ptr_fifo_dout(emac1_tx_ptr_fifo_dout),
    .tx_ptr_fifo_empty(emac1_tx_ptr_fifo_empty)
    );
mac_top  u_mac_top_2(
    .clk(clk),
    .rstn(rstn),
    .MII_RXD(MII_RXD_2),
    .MII_RX_DV(MII_RX_DV_2),
    .MII_RX_CLK(MII_RX_CLK_2),
    .MII_RX_ER(MII_RX_ER_2),
    .MII_TX_CLK(MII_TX_CLK_2),
    .MII_TXD(MII_TXD_2),
    .MII_TX_EN(MII_TX_EN_2),
    .MII_TX_ER(MII_TX_ER_2),
    .rx_data_fifo_rd(emac2_rx_data_fifo_rd),
    .rx_data_fifo_dout(emac2_rx_data_fifo_dout),
    .rx_ptr_fifo_rd(emac2_rx_ptr_fifo_rd),
    .rx_ptr_fifo_dout(emac2_rx_ptr_fifo_dout),
    .rx_ptr_fifo_empty(emac2_rx_ptr_fifo_empty),
    .tx_data_fifo_rd(emac2_tx_data_fifo_rd),
    .tx_data_fifo_dout(emac2_tx_data_fifo_dout),
    .tx_ptr_fifo_rd(emac2_tx_ptr_fifo_rd),
    .tx_ptr_fifo_dout(emac2_tx_ptr_fifo_dout),
    .tx_ptr_fifo_empty(emac2_tx_ptr_fifo_empty)
    );

mac_top  u_mac_top_3(
    .clk(clk),
    .rstn(rstn),
    .MII_RXD(MII_RXD_3),
    .MII_RX_DV(MII_RX_DV_3),
    .MII_RX_CLK(MII_RX_CLK_3),
    .MII_RX_ER(MII_RX_ER_3),
    .MII_TX_CLK(MII_TX_CLK_3),
    .MII_TXD(MII_TXD_3),
    .MII_TX_EN(MII_TX_EN_3),
    .MII_TX_ER(MII_TX_ER_3),
    .rx_data_fifo_rd(emac3_rx_data_fifo_rd),
```

```verilog
        .rx_data_fifo_dout(emac3_rx_data_fifo_dout),
        .rx_ptr_fifo_rd(emac3_rx_ptr_fifo_rd),
        .rx_ptr_fifo_dout(emac3_rx_ptr_fifo_dout),
        .rx_ptr_fifo_empty(emac3_rx_ptr_fifo_empty),
        .tx_data_fifo_rd(emac3_tx_data_fifo_rd),
        .tx_data_fifo_dout(emac3_tx_data_fifo_dout),
        .tx_ptr_fifo_rd(emac3_tx_ptr_fifo_rd),
        .tx_ptr_fifo_dout(emac3_tx_ptr_fifo_dout),
        .tx_ptr_fifo_empty(emac3_tx_ptr_fifo_empty)
        );
wire                sfifo_rd;
wire     [7:0]      sfifo_dout;
wire                ptr_sfifo_rd;
wire     [15:0]     ptr_sfifo_dout;
wire                ptr_sfifo_empty;
interface_mux       u_interface_mux(
    .clk(clk),
    .rstn(rstn),
    .rx_data_fifo_dout0(emac0_rx_data_fifo_dout),
    .rx_data_fifo_rd0(emac0_rx_data_fifo_rd),
    .rx_ptr_fifo_dout0(emac0_rx_ptr_fifo_dout),
    .rx_ptr_fifo_rd0(emac0_rx_ptr_fifo_rd),
    .rx_ptr_fifo_empty0(emac0_rx_ptr_fifo_empty),

    .rx_data_fifo_dout1(emac1_rx_data_fifo_dout),
    .rx_data_fifo_rd1(emac1_rx_data_fifo_rd),
    .rx_ptr_fifo_dout1(emac1_rx_ptr_fifo_dout),
    .rx_ptr_fifo_rd1(emac1_rx_ptr_fifo_rd),
    .rx_ptr_fifo_empty1(emac1_rx_ptr_fifo_empty),

    .rx_data_fifo_dout2(emac2_rx_data_fifo_dout),
    .rx_data_fifo_rd2(emac2_rx_data_fifo_rd),
    .rx_ptr_fifo_dout2(emac2_rx_ptr_fifo_dout),
    .rx_ptr_fifo_rd2(emac2_rx_ptr_fifo_rd),
    .rx_ptr_fifo_empty2(emac2_rx_ptr_fifo_empty),

    .rx_data_fifo_dout3(emac3_rx_data_fifo_dout),
    .rx_data_fifo_rd3(emac3_rx_data_fifo_rd),
    .rx_ptr_fifo_dout3(emac3_rx_ptr_fifo_dout),
    .rx_ptr_fifo_rd3(emac3_rx_ptr_fifo_rd),
    .rx_ptr_fifo_empty3(emac3_rx_ptr_fifo_empty),

    .sfifo_rd(sfifo_rd),
    .sfifo_dout(sfifo_dout),
    .ptr_sfifo_rd(ptr_sfifo_rd),
    .ptr_sfifo_dout(ptr_sfifo_dout),
    .ptr_sfifo_empty(ptr_sfifo_empty)
```

```
    );
wire                sof;
wire                dv;
wire    [7:0]       data;
wire                se_source;
wire    [47:0]      se_mac;
wire    [15:0]      source_portmap;
wire                se_req;
wire                se_ack;
wire    [15:0]      se_result;
wire    [9:0]       se_hash;
wire                se_nak;
wire                aging_req;
wire                aging_ack;

frame_process  u_frame_process(
    .clk(clk),
    .rstn(rstn),
    .sfifo_dout(sfifo_dout),
    .sfifo_rd(sfifo_rd),
    .ptr_sfifo_rd(ptr_sfifo_rd),
    .ptr_sfifo_empty(ptr_sfifo_empty),
    .ptr_sfifo_dout(ptr_sfifo_dout),
    .sof(sof),
    .dv(dv),
    .data(data),
    .se_mac(se_mac),
    .se_req(se_req),
    .se_ack(se_ack),
    .source_portmap(source_portmap),
    .se_result(se_result),
    .se_nak(se_nak),
    .se_source(se_source),
    .se_hash(se_hash)
    );
hash_2_bucket  u_hash(
    .clk(clk),
    .rstn(rstn),
    .se_req(se_req),
    .se_ack(sc_ack),
    .se_hash(se_hash),
    .se_portmap(source_portmap),
    .se_source(se_source),
    .se_result(se_result),
    .se_nak(se_nak),
    .se_mac(se_mac),
    .aging_req(),
```

```verilog
        .aging_ack()
        );

    switch_top  u_ switch(
        .clk(clk),
        .rstn(rstn),
        .sof(sof),
        .dv(dv),
        .din(data),
        .ptr_fifo_rd0(emac0_tx_ptr_fifo_rd),
        .ptr_fifo_rd1(emac1_tx_ptr_fifo_rd),
        .ptr_fifo_rd2(emac2_tx_ptr_fifo_rd),
        .ptr_fifo_rd3(emac3_tx_ptr_fifo_rd),
        .data_fifo_rd0(emac0_tx_data_fifo_rd),
        .data_fifo_rd1(emac1_tx_data_fifo_rd),
        .data_fifo_rd2(emac2_tx_data_fifo_rd),
        .data_fifo_rd3(emac3_tx_data_fifo_rd),
        .data_fifo_dout0(emac0_tx_data_fifo_dout),
        .data_fifo_dout1(emac1_tx_data_fifo_dout),
        .data_fifo_dout2(emac2_tx_data_fifo_dout),
        .data_fifo_dout3(emac3_tx_data_fifo_dout),
        .ptr_fifo_dout0(emac0_tx_ptr_fifo_dout),
        .ptr_fifo_dout1(emac1_tx_ptr_fifo_dout),
        .ptr_fifo_dout2(emac2_tx_ptr_fifo_dout),
        .ptr_fifo_dout3(emac3_tx_ptr_fifo_dout),
        .ptr_fifo_empty0(emac0_tx_ptr_fifo_empty),
        .ptr_fifo_empty1(emac1_tx_ptr_fifo_empty),
        .ptr_fifo_empty2(emac2_tx_ptr_fifo_empty),
        .ptr_fifo_empty3(emac3_tx_ptr_fifo_empty)
        );


    pll_100M  U_pll(
        .CLK_IN1(sys_clk),
        .RESET(1'b0),
        .CLK_OUT1(clk),
        .LOCKED(rstn)
        );           // 倍频产生系统时钟 clk

    assign  phy_rstn_0=1'b1;
    assign  phy_rstn_1=1'b1;
    assign  phy_rstn_2=1'b1;
    assign  phy_rstn_3=1'b1;
    endmodule
```

8.2　v2 版以太网交换机的系统级仿真分析

为了对 v2 版以太网交换机进行系统级仿真，验证其是否符合预期的设计要求，下面给出仿真代码。需要说明的是，考虑到篇幅限制，这里只列举了最基本的仿真分析项，首先从端口 0 向端口 1 发送数据帧，由于此时转发表为空，因此其被广播到其余 3 个端口。此后，端口 1 向端口 0 发送一个数据帧，由于已经进行源 MAC 地址学习，因此数据帧被转发到端口 0。在实际设计中需要进行大量的仿真分析，如针对交换电路缓冲区使用正确性的分析，这些是非常烦琐的仿真工作，本书没有进行深入介绍。

```verilog
`timescale 1ns / 1ps
module top_testbench;
// Inputs
reg             clk;
reg             rstn;
reg     [3:0]   MII_RXD_0;
reg             MII_RX_DV_0;
reg             MII_RX_CLK_0;
reg             MII_RX_ER_0;
reg     [3:0]   MII_RXD_1;
reg             MII_RX_DV_1;
reg             MII_RX_CLK_1;
reg             MII_RX_ER_1;
reg     [3:0]   MII_RXD_2;
reg             MII_RX_DV_2;
reg             MII_RX_CLK_2;
reg             MII_RX_ER_2;
reg     [3:0]   MII_RXD_3;
reg             MII_RX_DV_3;
reg             MII_RX_CLK_3;
reg             MII_RX_ER_3;

// Outputs
wire    [3:0]   MII_TXD_0;
wire            MII_TX_EN_0;
reg             MII_TX_CLK_0;
wire            MII_TX_ER_0;
wire    [3:0]   MII_TXD_1;
wire            MII_TX_EN_1;
reg             MII_TX_CLK_1;
wire            MII_TX_ER_1;
wire    [3:0]   MII_TXD_2;
wire            MII_TX_EN_2;
reg             MII_TX_CLK_2;
wire            MII_TX_ER_2;
```

```verilog
wire    [3:0]   MII_TXD_3;
wire            MII_TX_EN_3;
reg             MII_TX_CLK_3;
wire            MII_TX_ER_3;
wire            phy_rstn_0;
wire            phy_rstn_1;
wire            phy_rstn_2;
wire            phy_rstn_3;
// 下面是与CRC校验运算相关的信号
reg             calc_en;
reg     [7:0]   crc_din;
reg             load_init;
reg             d_valid;
wire    [31:0]  crc_reg;
wire    [7:0]   crc_out;
// Instantiate the Unit Under Test (UUT)
top_switch  uut (
    .sys_clk(clk),
    // MAC0 与 PHY 芯片的接口信号
    .MII_RXD_0(MII_RXD_0),
    .MII_RX_DV_0(MII_RX_DV_0),
    .MII_RX_CLK_0(MII_RX_CLK_0),
    .MII_RX_ER_0(MII_RX_ER_0),
    .MII_TXD_0(MII_TXD_0),
    .MII_TX_EN_0(MII_TX_EN_0),
    .MII_TX_CLK_0(MII_TX_CLK_0),
    .MII_TX_ER_0(MII_TX_ER_0),
    .phy_rstn_0(phy_rstn_0),
    // MAC1 与 PHY 芯片的接口信号
    .MII_RXD_1(MII_RXD_1),
    .MII_RX_DV_1(MII_RX_DV_1),
    .MII_RX_CLK_1(MII_RX_CLK_1),
    .MII_RX_ER_1(MII_RX_ER_1),
    .MII_TXD_1(MII_TXD_1),
    .MII_TX_EN_1(MII_TX_EN_1),
    .MII_TX_CLK_1(MII_TX_CLK_1),
    .MII_TX_ER_1(MII_TX_ER_1),
    .phy_rstn_1(phy_rstn_1),
    // MAC2 与 PHY 芯片的接口信号
    .MII_RXD_2(MII_RXD_2),
    .MII_RX_DV_2(MII_RX_DV_2),
    .MII_RX_CLK_2(MII_RX_CLK_2),
    .MII_RX_ER_2(MII_RX_ER_2),
    .MII_TXD_2(MII_TXD_2),
    .MII_TX_EN_2(MII_TX_EN_2),
    .MII_TX_CLK_2(MII_TX_CLK_2),
    .MII_TX_ER_2(MII_TX_ER_2),
```

```
    .phy_rstn_2(phy_rstn_2),
    // MAC3 与 PHY 芯片的接口信号
    .MII_RXD_3(MII_RXD_3),
    .MII_RX_DV_3(MII_RX_DV_3),
    .MII_RX_CLK_3(MII_RX_CLK_3),
    .MII_RX_ER_3(MII_RX_ER_3),
    .MII_TXD_3(MII_TXD_3),
    .MII_TX_EN_3(MII_TX_EN_3),
    .MII_TX_CLK_3(MII_TX_CLK_3),
    .MII_TX_ER_3(MII_TX_ER_3),
    .phy_rstn_3(phy_rstn_3)
    );

// 生成 MII 接口工作时钟
always begin
    #20;
    MII_RX_CLK_0=~MII_RX_CLK_0;
    MII_RX_CLK_1=~MII_RX_CLK_1;
    MII_RX_CLK_2=~MII_RX_CLK_2;
    MII_RX_CLK_3=~MII_RX_CLK_3;
    MII_TX_CLK_0=~MII_TX_CLK_0;
    MII_TX_CLK_1=MII_TX_CLK_0;
    MII_TX_CLK_2=MII_TX_CLK_0;
    MII_TX_CLK_3=MII_TX_CLK_0;
    end
always begin
    #10;
    clk=~clk;
    end

initial begin
    // Initialize Inputs
    clk=0;
    rstn=0;
    MII_RXD_0=0;
    MII_RX_DV_0=0;
    MII_RX_CLK_0=0;
    MII_RX_ER_0=0;
    MII_RXD_1=0;
    MII_RX_DV_1=0;
    MII_RX_CLK_1=0;
    MII_RX_ER_1=0;
    MII_RXD_2=0;
    MII_RX_DV_2=0;
    MII_RX_CLK_2=0;
    MII_RX_ER_2=0;
    MII_RXD_3=0;
```

```
        MII_RX_DV_3=0;
        MII_RX_CLK_3=0;
        MII_RX_ER_3=0;
        MII_TX_CLK_0=0;
        repeat(5)@(posedge MII_RX_CLK_0);
        rstn=1;
        repeat(150)@(posedge MII_RX_CLK_0);
        send_mac0_frame(11'd100,48'hf0f1f2f3f4f5,48'he0e1e2e3e4e5,16'h0800,1'b0);
        repeat(10)@(posedge MII_RX_CLK_0);
        send_mac1_frame(11'd100,48'he0e1e2e3e4e5,48'hf0f1f2f3f4f5,16'h0800,1'b0);
    end
// 通过 MII 接口 0 发送数据帧的任务
task send_mac0_frame;
input   [10:0]  length;             // 测试帧长度，不含 CRC-32 校验值
input   [47:0]  da;                 // 目的 MAC 地址
input   [47:0]  sa;                 // 源 MAC 地址
input   [15:0]  len_type;           // 帧类型字段
input           crc_error_insert;
integer         i;
reg     [7:0]   mii_din;
reg     [31:0]  fcs;
begin
    MII_RX_DV_0=0;
    MII_RXD_0=0;
    fcs=0;
    #2;
    // 对 crc32_8023 电路模块进行初始化
    load_init=1;
    repeat(1)@(posedge MII_RX_CLK_0);
    load_init=0;
    MII_RX_DV_0=1;
    // 发送前导码和帧开始符
    MII_RXD_0=4'h5;
    repeat(15)@(posedge MII_RX_CLK_0);
    MII_RXD_0=4'hd;
    repeat(1)@(posedge MII_RX_CLK_0);
    // 发送数据帧
    for(i=0;i<length;i=i+1)begin
        if      (i==0)  mii_din=da[47:40];
        else if (i==1)  mii_din=da[39:32];
        else if (i==2)  mii_din=da[31:24];
        else if (i==3)  mii_din=da[23:16];
        else if (i==4)  mii_din=da[15:8];
        else if (i==5)  mii_din=da[7:0];
        else if (i==6)  mii_din=sa[47:40];
        else if (i==7)  mii_din=sa[39:32];
        else if (i==8)  mii_din=sa[31:24];
```

```
          else if (i==9)  mii_din=sa[23:16];
          else if (i==10) mii_din=sa[15:8];
          else if (i==11) mii_din=sa[7:0];
          else if (i==12) mii_din=len_type[15:8];
          else if (i==13) mii_din=len_type[7:0];
          else mii_din=i;
          // 开始发送数据
          MII_RXD_0=mii_din[3:0];
          calc_en=1;
          crc_din=mii_din[7:0];
          d_valid=1;
          repeat(1)@(posedge MII_RX_CLK_0);
          d_valid=0;
          calc_en=0;
          crc_din=mii_din[7:0];
          MII_RXD_0=mii_din[7:4];
          repeat(1)@(posedge MII_RX_CLK_0);
          end
          // 发送 CRC 校验值
    d_valid=1;
    if(!crc_error_insert) crc_din=crc_out[7:0];
    else crc_din=~crc_out[7:0];
    MII_RXD_0=crc_din[3:0];
    repeat(1)@(posedge MII_RX_CLK_0);
    d_valid=0;
    MII_RXD_0=crc_din[7:4];
    repeat(1)@(posedge MII_RX_CLK_0);

    d_valid=1;
    if(!crc_error_insert) crc_din=crc_out[7:0];
    else crc_din=~crc_out[7:0];
    MII_RXD_0=crc_din[3:0];
    repeat(1)@(posedge MII_RX_CLK_0);
    d_valid=0;
    MII_RXD_0=crc_din[7:4];
    repeat(1)@(posedge MII_RX_CLK_0);

    d_valid=1;
    if(!crc_error_insert) crc_din=crc_out[7:0];
    else crc_din=~crc_out[7:0];
    MII_RXD_0=crc_din[3:0];
    repeat(1)@(posedge MII_RX_CLK_0);
    d_valid=0;
    MII_RXD_0=crc_din[7:4];
    repeat(1)@(posedge MII_RX_CLK_0);

    d_valid=1;
```

```
        if(!crc_error_insert) crc_din=crc_out[7:0];
        else crc_din=~crc_out[7:0];
        MII_RXD_0=crc_din[3:0];
        repeat(1)@(posedge MII_RX_CLK_0);
        d_valid=0;
        MII_RXD_0=crc_din[7:4];
        repeat(1)@(posedge MII_RX_CLK_0);
        MII_RX_DV_0=0;
        end
endtask

// 通过 MII 接口 1 发送数据帧的任务
task send_mac1_frame;
input    [10:0]  length;        // 测试帧长度，不含 CRC 校验值
input    [47:0]  da;            // 目的 MAC 地址
input    [47:0]  sa;            // 源 MAC 地址
input    [15:0]  len_type;      // 帧类型字段
input            crc_error_insert;
integer          i;
reg      [7:0]   mii_din;
reg      [31:0]  fcs;
begin
    MII_RX_DV_1=0;
    MII_RXD_1=0;
    fcs=0;
    #2;
    // 对 crc32_8023 电路模块进行初抬化
    load_init=1;
    repeat(1)@(posedge MII_RX_CLK_1);
    load_init=0;
    // 发送前导码和帧开始符
    MII_RX_DV_1=1;
    MII_RXD_1=4'h5;
    repeat(15)@(posedge MII_RX_CLK_1);
    MII_RXD_1=4'hd;
    repeat(1)@(posedge MII_RX_CLK_1);
    // 发送数据帧
    for(i=0;i<length;i=i+1)begin
        if       (i==0)  mii_din=da[47:40];
        else if  (i==1)  mii_din=da[39:32];
        else if  (i==2)  mii_din=da[31:24];
        else if  (i==3)  mii_din=da[23:16];
        else if  (i==4)  mii_din=da[15:8];
        else if  (i==5)  mii_din=da[7:0];
        else if  (i==6)  mii_din=sa[47:40];
        else if  (i==7)  mii_din=sa[39:32];
        else if  (i==8)  mii_din=sa[31:24];
```

```
    else if (i==9)  mii_din=sa[23:16];
    else if (i==10) mii_din=sa[15:8];
    else if (i==11) mii_din=sa[7:0];
    else if (i==12) mii_din=len_type[15:8];
    else if (i==13) mii_din=len_type[7:0];
    else mii_din=i;
    // 开始发送数据
    MII_RXD_1=mii_din[3:0];
    calc_en=1;
    crc_din=mii_din[7:0];
    d_valid=1;
    repeat(1)@(posedge MII_RX_CLK_1);
    d_valid=0;
    calc_en=0;
    crc_din=mii_din[7:0];
    MII_RXD_1=mii_din[7:4];
    repeat(1)@(posedge MII_RX_CLK_1);
    end
// 发送 CRC 校验值
d_valid=1;
if(!crc_error_insert) crc_din=crc_out[7:0];
else crc_din=~crc_out[7:0];
MII_RXD_1=crc_din[3:0];
repeat(1)@(posedge MII_RX_CLK_1);
d_valid=0;
MII_RXD_1=crc_din[7:4];
repeat(1)@(posedge MII_RX_CLK_1);
d_valid=1;
if(!crc_error_insert) crc_din=crc_out[7:0];
else crc_din=~crc_out[7:0];
MII_RXD_1=crc_din[3:0];
repeat(1)@(posedge MII_RX_CLK_1);
d_valid=0;
MII_RXD_1=crc_din[7:4];
repeat(1)@(posedge MII_RX_CLK_1);
d_valid=1;
if(!crc_error_insert) crc_din=crc_out[7:0];
else crc_din=~crc_out[7:0];
MII_RXD_1=crc_din[3:0];
repeat(1)@(posedge MII_RX_CLK_1);
d_valid=0;
MII_RXD_1=crc_din[7:4];
repeat(1)@(posedge MII_RX_CLK_1);
d_valid=1;
if(!crc_error_insert) crc_din=crc_out[7:0];
else crc_din=~crc_out[7:0];
MII_RXD_1=crc_din[3:0];
```

```
        repeat(1)@(posedge MII_RX_CLK_1);
        d_valid=0;
        MII_RXD_1=crc_din[7:4];
        repeat(1)@(posedge MII_RX_CLK_1);
        MII_RX_DV_1=0;
        end
        endtask
// send_mac0_frame 和 send_mac1_frame 不是同时工作的，因此二者可以调用同一个
// crc32_8023 电路模块
// 如果二者同时工作，则需要各自调用一个 crc32_8023 电路模块
    crc32_8023  u1_crc32_8023(
        .clk(MII_RX_CLK_0),
        .reset(!rstn),
        .d(crc_din[7:0]),
        .load_init(load_init),
        .calc(calc_en),
        .d_valid(d_valid),
        .crc_reg(crc_reg),
        .crc(crc_out)
        );
endmodule
```

图 8-3 是 top_testbench 的仿真波形，可以看出，端口 0 输入的第一个帧因为转发表为空，因此被广播到端口 1、2 和 3 中；此后，端口 1 发送给端口 0 的数据帧，由于转发表中学习到了目的 MAC 地址的输出端口，因此被转发到端口 0。

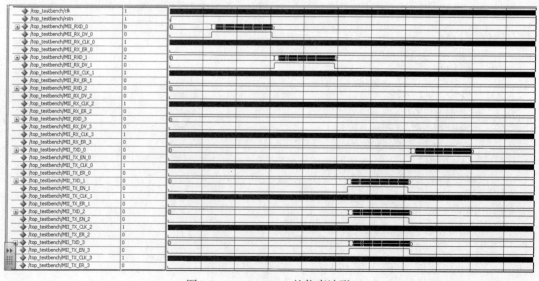

图 8-3　top_testbench 的仿真波形

附录 A

Xilinx 公司的可编程逻辑器件简介

基于 FPGA 进行数字系统设计时，需要熟悉 FPGA 自身的特点，建议下载相关 FPGA 的数据手册，仔细阅读其中的重要内容，只有这样才能充分利用 FPGA 提供的资源，发挥出 FPGA 的性能。

Xilinx 公司的 FPGA 包括多个系列，目前较为常用的是 6 系列和 7 系列。6 系列的 FPGA 不是最新的，但使用非常广泛，其中 Spartan6 系列的 FPGA 具有非常高的性价比，此处进行简单介绍。

A.1　FPGA 芯片的内部资源

图 A-1 源于 Xilinx 公司提供的 Spartan6 系列 FPGA 数据手册，汇总列出了不同具体型号 FPGA 的主要资源。

Device	Logic Cells[1]	Configurable Logic Blocks (CLBs)			DSP48A1 Slices[3]	Block RAM Blocks		CMTs[5]	Memory Controller Blocks (Max)[6]	Endpoint Blocks for PCI Express	Maximum GTP Transceivers	Total I/O Banks	Max User I/O
		Slices[2]	Flip-Flops	Max Distributed RAM (Kb)		18 Kb[4]	Max (Kb)						
XC6SLX4	3,840	600	4,800	75	8	12	216	2	0	0	0	4	132
XC6SLX9	9,152	1,430	11,440	90	16	32	576	2	2	0	0	4	200
XC6SLX16	14,579	2,278	18,224	136	32	32	576	2	2	0	0	4	232
XC6SLX25	24,051	3,758	30,064	229	38	52	936	2	2	0	0	4	266
XC6SLX45	43,661	6,822	54,576	401	58	116	2,088	4	2	0	0	4	358
XC6SLX75	74,637	11,662	93,296	692	132	172	3,096	6	4	0	0	6	408
XC6SLX100	101,261	15,822	126,576	976	180	268	4,824	6	4	0	0	6	480
XC6SLX150	147,443	23,038	184,304	1,355	180	268	4,824	6	4	0	0	6	576
XC6SLX25T	24,051	3,758	30,064	229	38	52	936	2	2	1	2	4	250
XC6SLX45T	43,661	6,822	54,576	401	58	116	2,088	4	2	1	4	4	296
XC6SLX75T	74,637	11,662	93,296	692	132	172	3,096	6	4	1	8	6	348
XC6SLX100T	101,261	15,822	126,576	976	180	268	4,824	6	4	1	8	6	498
XC6SLX150T	147,443	23,038	184,304	1,355	180	268	4,824	6	4	1	8	6	540

图 A-1　Spartan6 系列 FPGA 的主要资源

图A-1中的Logic Cells一栏表示一片FPGA的可用资源量，是以标准4输入查找表的逻辑实现能力为衡量基准得到的，也与FPGA的命名有直接关系。例如，图中的XC6SLX4中有3840个Logic Cell，约等于4000（可表示为4K），因此XC6SLX4名称末尾的数字为4。通过FPGA名称末尾的数字，就能够基本判断出其逻辑资源大约相当于多少个Logic Cell。

可配置逻辑单元（Configurable Logic Blocks，CLB）是实现FPGA内部逻辑功能的主体。对于Spartan6系列的FPGA来说，每个可配置逻辑片（Slice）包括4个6输入查找表（LookUp Table，LUT）和8个D触发器。例如，XC6SLX4包括600个Slice，因此包括2400个6输入查找表和4800个触发器。查找表本质上是一个地址位宽为6位，存储深度为64，存储位宽为1位的异步SRAM，用于实现组合逻辑功能，它可以实现任意6输入、1输出真值表对应的逻辑功能。触发器就是数字系统中常用的D触发器，与LUT一起可以实现复杂的时序逻辑功能。由于LUT本质上是SRAM，可以实现存储功能，因此也被当成分布式RAM使用。

DSP48A1 Slice是实现数字信号处理功能的基本单元，每个单元包括1个18×18的乘法器、1个加法器和1个累加器，主要用于实现数字信号处理中常用的乘累加运算。

Block RAM是FPGA中的块RAM资源，每个块RAM的容量为18Kbit，用于实现片上大容量存储。

时钟管理器（Clock Management Tile，CMT）是FPGA内部的时钟管理电路，每个CMT包括2个数字时钟管理器（DCM）和1个锁相环（PLL）。CMT可以对输入的时钟进行灵活的锁相倍频处理，生成多个所需频率的内部工作时钟。

存储控制器电路（Memory Controller Block，MCB）是FPGA的专用内核，用于和FPGA外部的高性能存储器，如双倍数据速率（Double Date Rate，DDR）同步动态随机存储器（Synchronons Dynamic RAM，SDRAM）进行接口，实现对高性能外部存储器的读写和管理。DDR SDRAM等高性能存储器对接口电平、时钟频率、接口时序等有着特殊的要求，MCB可以满足这些要求，同时向FPGA内部的用户电路提供友好的接口。MCB访问外部DDR SDRAM的速率可以高达1600 Mbit/s（单一引脚）。

Endpoint Blocks for PCI Express可以提供快速外围元件互连（Peripheral Component Interconnect express，PCIe）接口，用于和计算机主板相连，与计算机主板之间进行高速的数据交互。

低功耗吉比特收发器（Gigabit Transceiver with low Power，GTP）是FPGA上集成的高速串行通信接口，其串行数据传输速率可以高达3.2 Gbit/s。GTP内部结构非常复杂，可以按照一定规范实现芯片之间的高速数据传输。

FPGA有大量的用户IO引脚，这些用户IO分布在多个IO分区（Bank）中。每个IO Bank内部的IO采用相同的供电电源，不同的IO Bank之间可以采用不同的供电电源。例如某个IO Bank可以采用3.3 V的IO电压，而另一个IO Bank可以采用2.5 V的供电电压。一个IO Bank只能采用一种IO电压。IO Bank的划分为用户提供了灵活的IO配置方式。

A.2　FPGA 的封装与最大可用 IO 数

采用 FPGA 进行数字系统设计时，必须清楚所选用 FPGA 的封装形式以及最大可用 IO 数。图 A-2 是 Spartan6 FPGA 的可选封装形式及对应的最大可用 IO 数。

Package	CPG196(1)	TQG144(1)	CSG225(2)	FT(G)256(3)	CSG324		FG(G)484(3,4)		CSG484(4)		FG(G)676(3)		FG(G)900(3)	
Body Size (mm)	8 x 8	20 x 20	13 x 13	17 x 17	15 x 15		23 x 23		19 x 19		27 x 27		31 x 31	
Pitch (mm)	0.5	0.5	0.8	1.0	0.8		1.0		0.8		1.0		1.0	
Device	User I/O	User I/O	User I/O	User I/O	GTPs	User I/O	GTPs	User I/O	GTPs	User I/O	GTPs	User I/O	GTPs	User I/O
XC6SLX4	106	102	132											
XC6SLX9	106	102	160	186	NA	200								
XC6SLX16	106		160	186	NA	232								
XC6SLX25				186	NA	226	NA	266						
XC6SLX45					NA	218	NA	316	NA	320	NA	358		
XC6SLX75							NA	280	NA	328	NA	408		
XC6SLX100							NA	326	NA	338	NA	480		
XC6SLX150							NA	338	NA	338	NA	498	NA	576
XC6SLX25T					2	190	2	250						
XC6SLX45T					4	190	4	296	4	296				
XC6SLX75T							4	268	4	292	8	348		
XC6SLX100T							4	296	4	296	8	376	8	498
XC6SLX150T							4	296	4	296	8	396	8	540

图 A-2　Spartan6 FPGA 的封装和最大可用 IO 数（源自 Spartan6 系列 FPGA 数据手册）

A.3　Xilinx FPGA 网络资源

设计者可以通过访问 Xilinx 公司的网站获取所需的数据手册，深入理解所关注的 FPGA。建议读者访问 http://www.xilinx.com/，搜索并下载各类数据手册。

下面是 Spartan6 系列 FPGA 可以下载的设计资料。

- ***Spartan-6 FPGA Data Sheet: DC and SwitchingCharacteristics*** (DS162)
- ***Spartan-6 FPGA Packaging and Pinout Specifications***(UG385)
- ***Spartan-6 FPGA Configuration Guide*** (UG380)
- ***Spartan-6 FPGA SelectIO Resources User Guide***(UG381)
- ***Spartan-6 FPGA Clocking Resources User Guide***(UG382)
- ***Spartan-6 FPGA Block RAM Resources User Guide***(UG383)
- ***Spartan-6 FPGA Configurable Logic Blocks User Guide***(UG384)
- ***Spartan-6 FPGA GTP Transceivers User Guide*** (UG386)
- ***Spartan-6 FPGA DSP48A1 Slice User Guide*** (UG389)
- ***Spartan-6 FPGA Memory Controller User Guide***(UG388)
- ***Spartan-6 FPGA PCB Design and Pin Planning Guide***(UG393)
- ***Spartan-6 FPGA Power Management User Guide***(UG394)

附录 B

ISE14.7 使用指南

ISE是Xilinx公司推出的集成开发环境，目前的ISE常用版本为14.7。针对最新的7系列FPGA产品，Xilinx公司推出了另一款开发软件Vivado。本设计可以在Xilinx公司的Spartan6系列FPGA上实现，因此使用的是ISE。

附录B是针对ISE14.7软件的简明指南，包括与开发环境相关的几个部分：Verilog代码输入、综合、测试代码的产生、行为级仿真与电路实现。

B.1 Verilog代码输入

ISE14.7开发平台安装完成后，按照以下步骤进行设计输入。

（1）启动ISE14.7工程管理器（Project Navigator），则会显示如图B-1所示的界面。

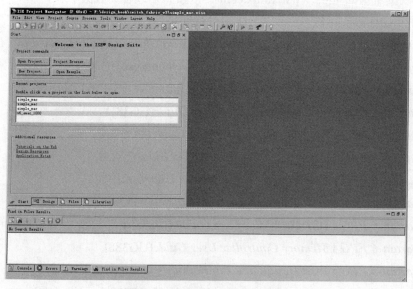

图B-1　ISE14.7工程管理器界面

（2）新建一个工程（依次选择 File，New Project），会打开 New Project Wizard 窗口的 Create New Project 对话框，如图 B-2 所示。在 Name 栏中输入需要的工程名称（例如 comp1），在 Location 栏中选择工作目录，接着选择 HDL 作为顶层电路模块的描述语言，最后单击 Next 按钮。

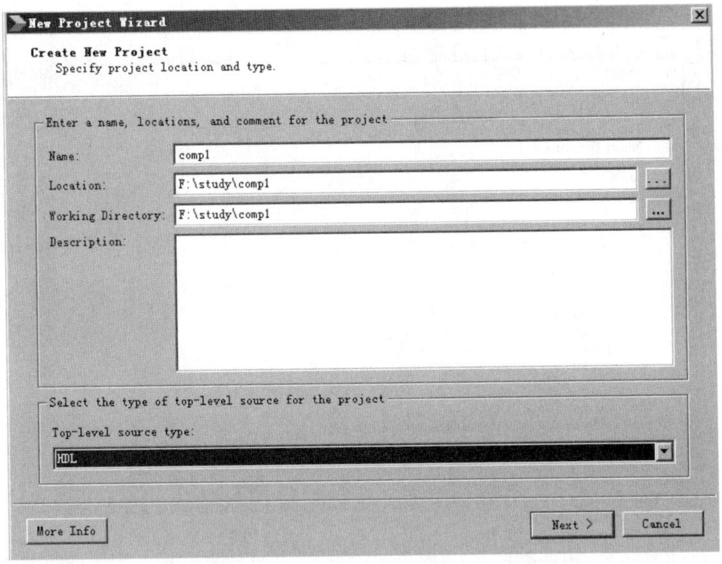

图 B-2 Create New Project 对话框

（3）在 New Project Wizard 窗口的 Project Settings 对话框中选择器件系列和器件型号，此处在 Family 栏中选择 Spartan6，在 Devices 栏中选择 XC6SLX45T，如图 B-3 所示；然后选择 XST 作为综合仿真工具（XST 是 ISE14.7 默认的综合工具，若想选择已安装的其他综合工具，如 Synplify Pro，则可在 Synthesis Tool 下拉选项中进行选择）；此后选择了 ISE14.7 自带仿真器 ISim 作为仿真工具，选择 Verilog 作为设计语言，然后单击 Next 按钮。

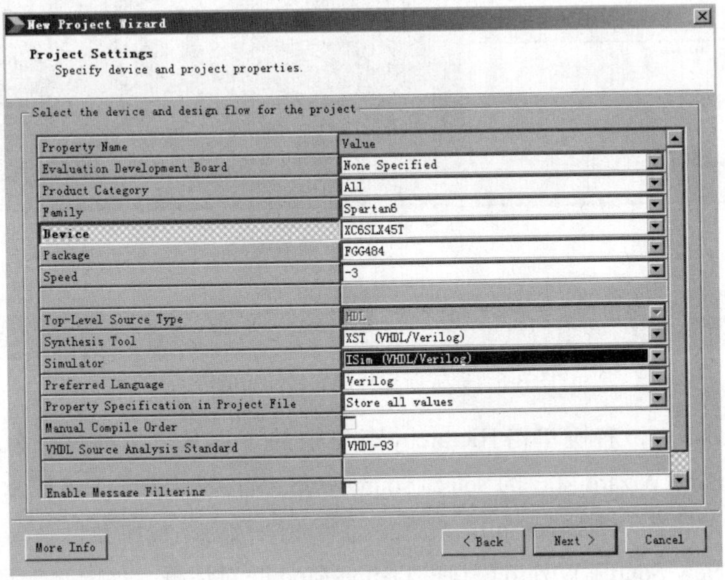

图 B-3 Project Settings 对话框

（4）如图B-4所示，在New Project Wizard窗口的Project Summary对话框中单击Finish按钮，即可完成工程的建立。此时ISE的Hierarchy（层次结构）窗口会出现刚输入的工程名和所选的FPGA型号（见图B-5）。

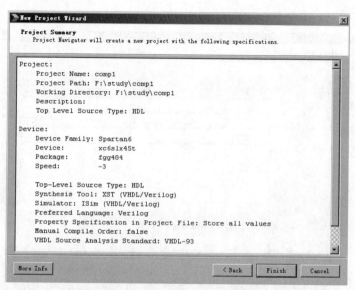

图B-4　Project Summary对话框

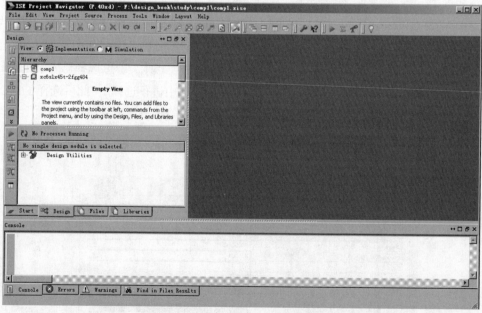

图B-5　完成新工程建立操作后的界面

（5）在图B-5中，右键单击Hierarchy窗口中的工程名，选择New Source按钮，则会显示New Source Wizard窗口的Select Source Type对话框，如图B-6所示。选择Verilog Module，输入文件名（例如comp），再选择路径（默认为工程所在目录）并单击Next按钮，就会出现New Source Wizard窗口的Define Module对话框，如图B-7所示。根据需要可以手动定义模块（module）的输入输出端口；若想直接在代码文件中定义，则可直接单击 Next 按钮。

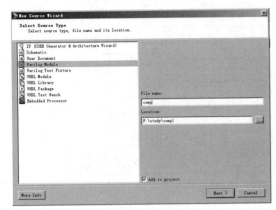

图 B-6 Select Source Type 对话框

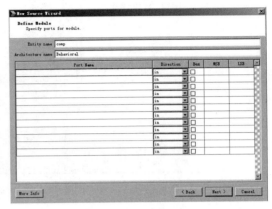

图 B-7 Define Module 对话框

（6）在出现的对话框中单击 Finish 按钮，就完成了 Verilog 源文件的建立。此时，ISE14.7 的各窗口显示如图 B-8 所示。单击图中所示的源文件名，即可显示源代码编辑窗口，这里给出了一个简单比较器的源代码。

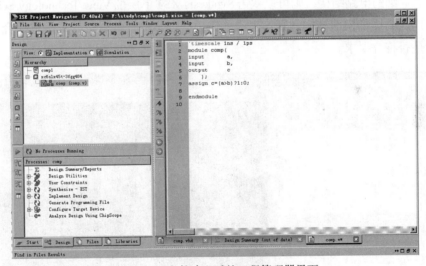

图 B-8 源文件建立后的工程管理器界面

B.2 综合

（1）在进行综合之前需要先设置综合选项。在工程管理器界面的 Processes 窗口中选中 Synthesize-XST 并右键单击选择 Process Properties 选项。在出现的 Synthesis Options 对话框（见图 B-9）中，选择 Optimization Goal（优化目标）、Optimization Effort（优化力度）等选项的值，进行综合选项设置，然后单击 OK 按钮。在图 B-9 右下角的 Property display level 下拉列表中选择高级（Advanced），可做进一步的综合选项设置。

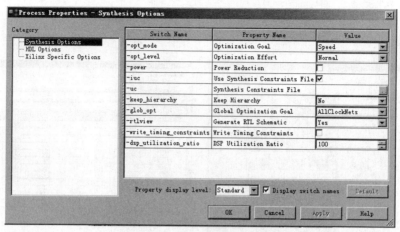

图B-9　Synthesis Options对话框

（2）通过双击Synthesize-XST可以开始综合操作。另外，根据需要可在综合前进行语法检查，点开Synthesize-XST前的"+"，在下拉菜单中双击Check Syntax即可。

（3）双击Synthesize-XST下层的View RTL Schematic可以查看与代码对应的电路结构图，如图B-10所示。双击电路符号图，可以查看本设计的门级电路图，如图B-11所示。若想查看更详细的电路结构，则可以双击Synthesis-XST下层的View Technology Schematic，查看电路模块的详细内部结构、真值表或卡诺图，以帮助设计者更好地了解综合的结果，检查设计是否符合要求。

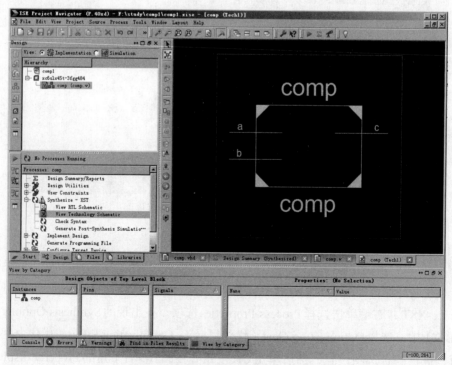

图B-10　RTL代码综合后的电路符号图

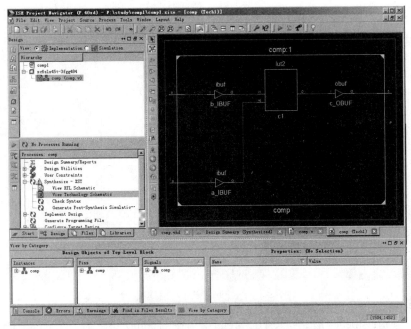

图 B-11 RTL 代码综合后的内部电路结构图

B.3 测试代码的产生、行为级仿真与电路实现

综合完成后就可以进行行为级仿真（Behavioral Simulation）了。行为级仿真又称前仿真，仅对电路逻辑功能进行验证，整个仿真过程中不考虑实际电路延迟和寄生效应，仿真过程较理想，因此称为行为级仿真。下面对comp.v进行仿真分析。

（1）当用户设计文件加入工程中后，右键单击Hierarchy窗口并选择New Source选项，在出现的New Source Wizard窗口的Select Source Type对话框中，如图B-12所示，选择Verilog Test Fixture，输入文件名（comp_tb），选择默认路径，然后单击Next按钮，从出现的对话框中选择待测电路模块的名称（例如comp），然后单击Next按钮。

（2）在出现的对话框中单击Finish按钮，即可完成测试文件的建立，此后在出现的编辑窗口中编写测试激励即可，如图B-13所示。

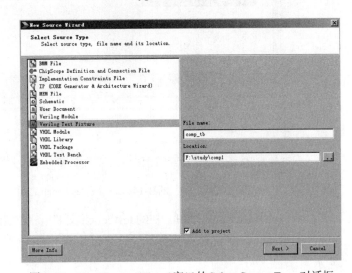

图 B-12 New Source Wizard 窗口的 Select Source Type 对话框

图B-13　新建测试代码的编辑窗口

（3）编写完testbench后，选中Hierarchy窗口中的comp_tb之后，窗口如图B-14所示。

图B-14　编写完testbench之后的窗口

（4）选中Hierarchy窗口中的testbench文件，双击图B-14所示Processes窗口中的Simulate Behavioral Model，ISE14.7会自动启动ISim仿真器，并给出仿真波形，如图B-15所示。

（5）仿真通过后，可以进行布局布线等电路实现（Implementation）过程。电路实现是指将综合后的网表在具体的 FPGA 上加以实现，此时只需要双击 Processes 窗口中的 Implement Design 选项即可，如图 B-16 所示。

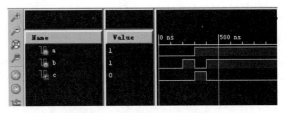

图 B-15　comp 电路仿真波形

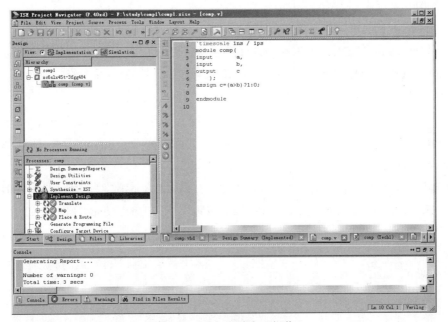

图 B-16　进行电路实现操作

（7）完成电路实现后，在 Processes 窗口中双击 Generate Programming File，可生成编程文件，如图 B-17 所示。

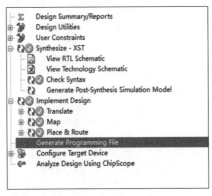

图 B-17　生成编辑文件

此后，就可以将生成的扩展名为 ".bit" 的编程文件通过编程电缆下载到开发板中，进行实际测试了。

参考文献

[1] Chris Borrelli. IEEE 802.3 Cyclic Reduncdancy Check: XAPP209(v1.0)[R]. San Jose: Xilinx Inc., 2001.

[2] 乔庐峰. Verilog HDL 数字系统设计与验证 [M]. 北京：电子工业出版社，2009.

[3] 刘波. 精通 Verilog HDL 语言编程 [M]. 北京：电子工业出版社，2007.

[4] 米什拉. Verilog HDL 高级数字系统设计技术与实例分析 [M]. 乔庐峰，尹廷辉，于倩，译. 北京：电子工业出版社，2018.

[5] 罗国明，陈庆华，乔庐峰. 现代通信网 [M]. 北京：电子工业出版社，2020.

[6] H. Jonathan Chao, Bin Liu. *High Performance Switches and Routers*[M]. Hoboken: John Wiley & Sons, Inc., 2007.

[7] 塔嫩鲍姆. 计算机网络（第5版）[M]. 潘爱民，译. 北京：清华大学出版社，2017.

[8] Nigel Horspool, Peter Gorman. *The ASIC Handbook* [M]. Upper Saddle River: Prentice Hall, 2001.